趣味学 · Web 前端开发

Web 前端开发案例教程

万 忠 程耀华 主 编
范美英 曲晓芳 丁 浩 李 荣 副主编

電子工業出版社
Publishing House of Electronics Industry
北京•BEIJING

内 容 简 介

本书基于项目式教学方法编写，将 Web 前端开发的知识融入其中，相关知识包括网页显示、网页布局、网页常用标签、JavaScript 事件、DOM 操作、多媒体标签处理、表单数据处理、帧频动画、CSS3 动画、AJAX 应用等。此外，本书涉及的知识，可以让读者对“1+X”Web 前端开发职业技能等级证书（初级）考试中的 HTML5、CSS3、JavaScript 等有一个根本的认识。

本书从初学者角度出发，将 Web 前端开发的知识划分为 7 个模块，分别为制作网页结构、制作响应式网页结构、添加多媒体元素、操纵标签、添加 CSS3 动画、实现更多交互事件、AJAX 应用。每个模块都包括 5 个环节，分别为情景导入、任务分析、任务实施、拓展练习、测验评价。

本书内容详尽、结构清晰、图文并茂、通俗易懂，既突出基础知识，又重视实践应用。本书既可以作为职业院校计算机相关专业的教材，又可以作为 Web 前端开发初学者、编程爱好者的参考用书。

图书在版编目（CIP）数据

Web 前端开发案例教程 / 万忠，程耀华主编. —北京：电子工业出版社，2022.6

ISBN 978-7-121-43715-1

Ⅰ. ①W… Ⅱ. ①万… ②程… Ⅲ. ①网页制作工具—教材 Ⅳ. ①TP393.092.2

中国版本图书馆 CIP 数据核字（2022）第 096162 号

责任编辑：郑小燕　　　　特约编辑：田学清
印　　刷：天津千鹤文化传播有限公司
装　　订：天津千鹤文化传播有限公司
出版发行：电子工业出版社
　　　　　北京市海淀区万寿路 173 信箱　　　邮编：100036
开　　本：880×1230　1/16　印张：17.25　字数：375 千字
版　　次：2022 年 6 月第 1 版
印　　次：2024 年 1 月第 2 次印刷
定　　价：62.80 元

凡所购买电子工业出版社图书有缺损问题，请向购买书店调换。若书店售缺，请与本社发行部联系，联系及邮购电话：（010）88254888，88258888。

质量投诉请发邮件至 zlts@phei.com.cn，盗版侵权举报请发邮件至 dbqq@phei.com.cn。

本书咨询联系方式：（010）88254550，zhengxy@phei.com.cn。

前　言

Web 前端开发是从网页制作演变而来的，通过 HTML、CSS、JavaScript，以及衍生出来的各种技术、框架、解决方案，实现互联网产品的用户界面。

在 Web 1.0 时代，由于网速和终端能力的限制，因此大部分网站只能呈现简单的图文信息，对界面设计技术的要求也不高。随着硬件的完善、高性能浏览器的出现和宽带的普及，Web 前端开发技术迸发出旺盛的生命力。

在互联网进入 Web 2.0 时代后，各种类似桌面软件的 Web 应用大量涌现，Web 前端开发发生了翻天覆地的变化，各种富媒体让网页的内容更加生动，网页上软件化的交互形式为用户提供了更好的使用体验，这些都是基于 Web 前端开发技术实现的。

本书特色

本书在讲解 Web 前端开发知识的同时，为读者提供了大量的拓展练习，通过这部分内容，读者可以对所学知识进行加强、巩固，从而获得更好的学习效果。

本书将 Web 前端开发的知识点与大量的案例有效地结合在一起，覆盖了 Web 前端开发中的大部分知识，包括网页显示、网页布局、网页常用标签、JavaScript 事件、DOM 操作、多媒体标签处理、表单数据处理、帧频动画、CSS3 动画、AJAX 应用等。

建议读者在阅读本书的过程中，结合实际案例进行实践，从而提高学习效率，并且获得更多乐趣。对于本书拓展练习部分的在线做题资源和测验评价部分的在线测评资源，读者可登录华信教育资源网，免费下载所需的网址及实训码，提高自学效率。

本书作者

本书由万忠、程耀华担任主编，范美英、曲晓芳、丁浩、李荣担任副主编，杨耿冰、马进元、陈辉定参加编写。

由于编者水平有限，书中不足与疏漏之处在所难免，欢迎广大读者批评指正。

目　　录

案例概述

一、Web 前端开发概述

网页制作是 Web 1.0 时代的产物，那时网站的主要内容都是静态的，用户使用网站的行为也以浏览为主。

互联网进入 Web 2.0 时代，无论是在开发难度上，还是在开发方式上，现在的网页制作都更接近传统的网站后端开发，所以现在不再叫网页制作，而是叫 Web 前端开发。网页不再只承载单一的文字和图片，各种媒体让网页的内容更加生动，网页中软件化的交互形式为用户提供了更好的使用体验，这些都是基于 Web 前端开发技术实现的。

Web 前端开发主要用于进行网站的开发、优化、完善。简单地说，Web 前端开发的主要职能是将网站的界面更好地呈现给用户。Web 前端开发技术包括 3 个要素：HTML、CSS、JavaScript。

二、HTML、CSS、JavaScript 技术

1. HTML

HTML（HyperText Markup Language，超文本标记语言）是一种用于创建网页的标准标记语言。标记语言是一套标记标签。HTML 使用标记标签描述网页。HTML 运行在浏览器上，由浏览器解析。

HTML5 是 HTML 的最新修订版本，其设计目的是在移动设备上支持多媒体。

HTML5 是下一代 HTML 标准。

HTML5 中的一些有趣的新特性如下：

- 用于绘画的<canvas>标签。
- 用于媒介回放的<video>和<audio>标签。
- 对本地离线存储有更好的支持。
- 新的特殊内容标签有 article、footer、header、nav、section 等。
- 新的表单控件有 calendar、date、time、email、url、search 等。

1）HTML 标签。

HTML 中的标记标签通常称为 HTML 标签。HTML 标签是由尖括号括起来的关键词，如<html>。HTML 标签通常分为单标签和双标签。

单标签：由一个标签组成，如
。

双标签：由<开始标签>和</结束标签>两部分构成，如<p></p>。

2）HTML 元素。

HTML 元素是指从<开始标签>到</结束标签>的所有代码。

2. CSS

使用 CSS（Cascading Style Sheets，层叠样式表）可以定义 HTML 的文件样式。样式可以定义如何显示 HTML 元素，通常存储于样式表中。将样式添加到 HTML 中，可以解决 HTML 内容与表现分离的问题。外部样式表可以极大地提高工作效率，通常存储于 CSS 文件中。多个样式定义可层叠为一个。

CSS3 是最新的 CSS 标准。CSS3 已完全向后兼容，浏览器永远支持 CSS2。CSS3 被拆分为模块，一些重要的 CSS3 模块如下：

- 选择器。
- 盒子模型。
- 背景和边框。
- 文字特效。
- 2D/3D 转换。
- 动画。
- 多列布局。
- 用户界面。

JavaScript 是互联网上较流行的脚本语言，可以应用于 HTML 和 Web，也可以广泛应用于服务器、PC、智能手机等设备。

- JavaScript 是脚本语言。
- JavaScript 是一种轻量级的编程语言。
- JavaScript 是可插入 HTML 页面的编程语言。
- JavaScript 代码在被插入 HTML 页面后，可由所有的现代浏览器执行。
- JavaScript 很容易学习。

三、案例介绍

通过祖国山河 Web 前端开发案例，既可以提高学生的学习兴趣，又可以保证覆盖教学体系的知识点，从而获得更好的教学效果。

祖国山河 Web 前端开发案例覆盖了 Web 前端开发的大部分知识点，包括网页显示、网页布局、网页常用标签、JavaScript 事件、DOM 操作、多媒体标签处理、CSS3 动画等。此外，表单数据处理、帧频动画和 AJAX 应用等也是通过知识点与案例相结合的方式完成的，如“模块 6 实现更多交互事件”和“模块 7 AJAX 应用”。

本书按照知识点与制作流程拆解成若干个模块，每个模块都有明确的学习目标，如“模块 5 添加 CSS3 动画”对应的学习目标及模块知识点如图 0-1 所示。

图 0-1 “模块 5 添加 CSS3 动画”对应的学习目标及模块知识点

本书在讲解 HTML、CSS、JavaScript 知识点时，会针对不同的知识点提供完备的练习题及参考代码，方便读者巩固当前所学的知识。

通过对本书内容的学习，读者不仅可以掌握 HTML、CSS、JavaScript 的相关知识，还可以独立运用 HTML、CSS、JavaScript 语言编写更加丰富多彩的案例，为以后从事 Web 前端开发的相关工作打下良好的基础。

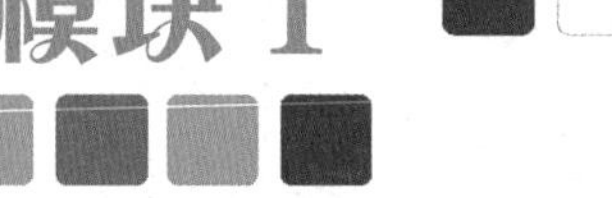

模块 1

制作网页结构

情景导入

网页结构是网站开发中的基本功能模块。网页中通常包含文本与段落、列表、超链接、图片与多媒体等内容，下面使用文本标签、文本样式、div 标签制作网页结构，如图 1-1 所示。

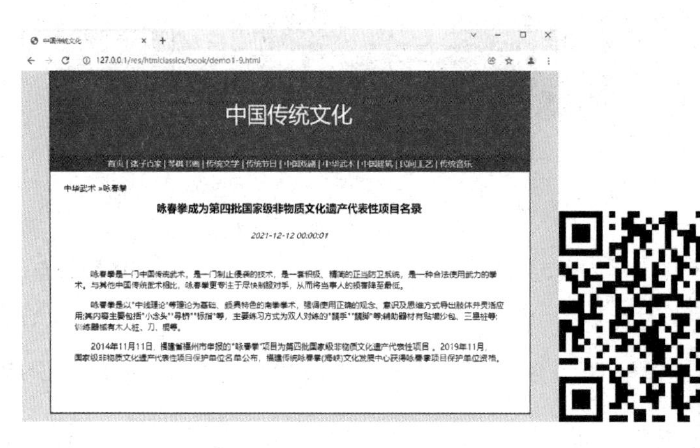

图 1-1　网页结构

任务分析

通常使用 index.html 文件实现，可以使用<font>、<b>、<i>、
、<h>、<p>和<div>等

标签，设置 CSS 样式，实现图 1-1 中的页面效果，具体可以划分为以下 3 个步骤。

（1）添加文字。

（2）添加 CSS 样式。

（3）使用<div>标签。

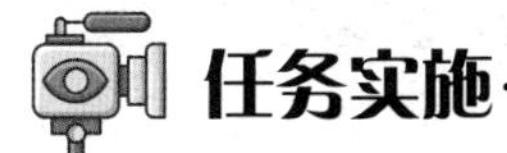

任务实施

步骤 1：添加文字

网页中的文本主要是通过<font>、<b>、<i>、
、<h>、<p>和<div>等标签定义的。

【知识链接】HTML5 文档的基本标签

HTML 标签和 HTML 元素通常表示同样的意思，但是严格来讲，一个 HTML 元素包含从开始标签到结束标签的所有代码。

示例代码如下：

```
<!DOCTYPE html>
<html>
    <head>
        <title>文档标题</title>
        <meta charset="utf-8" />
    </head>
    <body>
    </body>
</html>
```

代码讲解：

HTML5 文档的基本标签说明。

<!DOCTYPE html>：定义文档类型。

<html></html>：定义 HTML 文档。

<head></head>：定义关于文档的信息。

<title></title>：定义文档的标题。

<meta charset= "utf-8"/>：定义文档的字符编码。

<body></body>：定义文档主体。

下面是一个可视化的 HTML 页面结构，如图 1-2 所示。

<html>
<head>
<title>页面标题</title>
</head>
<body>
</body>
</html>

图 1-2　可视化的 HTML 网页结构

【知识链接】文本标签

常用的文本标签如表 1-1 所示。

表 1-1　常用的文本标签

标　签	作　用
 	换一行
<b></b>	定义粗体文本
<i></i>	定义斜体文本
<u></u>	定义下画线文本
<s></s>	定义加删除线的文本
<h1></h1>…<h6></h6>	定义标题
<font color="" size="" face=""></font>	定义文本的颜色、字号、字体
<span></span>	定义文档中的节
<div></div>	定义文档中的节
<p></p>	定义文档中的段落
<ul><li></li></ul>	定义列表

1. 标题标签<h1> ~ <h6>

标题标签<h1>主要用于定义最大的标题，标题标签<h6>主要用于定义最小的标题。示例代码如下：

```
<!DOCTYPE html>
<html>
  <head>
    <title>中国传统文化</title>
    <meta charset="utf-8" />
  </head>
  <body>
      <h2>中国传统文化</h2>
  </body>
```

```
</html>
```

代码讲解：

```
<h2>中国传统文化</h2>
```

使用标题标签<h2>添加 HTML 标题“中国传统文化”。

上述代码的运行效果如图 1-3 所示。

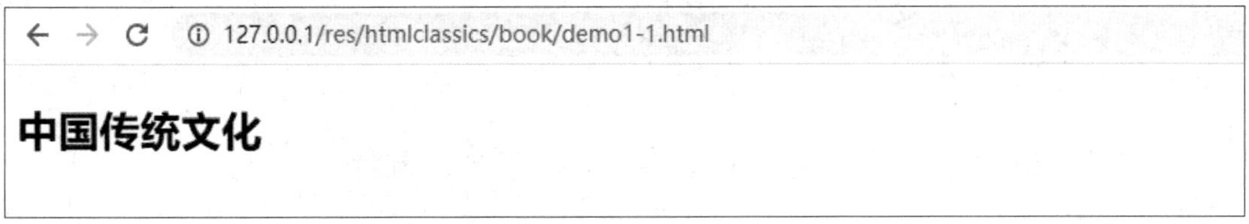

127.0.0.1/res/htmlclassics/book/demo1-1.html

中国传统文化

图 1-3 标题标签<h2>示例的运行效果

2. 文本段落标签<p>

文本段落标签<p>主要用于定义文本段落。

示例代码如下：

```
<!DOCTYPE html>
<html>
  <head>
    <title>中国传统文化</title>
    <meta charset="utf-8" />
  </head>
  <body>
      <h2>中国传统文化</h2>

      <p>首页 | 诸子百家 | 琴棋书画 | 传统文学 | 传统节日 | 中国戏剧 | 中华武术 | 中
国建筑 | 民间工艺 | 传统音乐</p>

      <p>中华武术 &raquo; 咏春拳</p>

      <p>咏春拳成为第四批国家级非物质文化遗产代表性项目名录</p>
  </body>
</html>
```

代码讲解：

```
      <p>首页 | 诸子百家 | 琴棋书画 | 传统文学 | 传统节日 | 中国戏剧 | 中华武术 | 中
国建筑 | 民间工艺 | 传统音乐</p>
```

使用<p>标签添加一段文字。

上述代码的运行效果如图 1-4 所示。

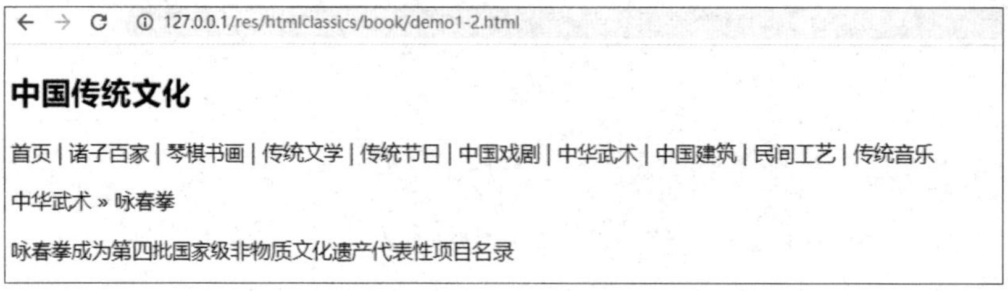

图 1-4　文本段落标签<p>示例的运行效果

3. 文本样式标签<font>

文本样式标签<font>主要用于设置文本的字体、字号、颜色。

示例代码如下：

```
<!DOCTYPE html>
<html>
  <head>
    <title>中国传统文化</title>
    <meta charset="utf-8" />
  </head>
  <body>
      <h2>中国传统文化</h2>

      <p>首页 | 诸子百家 | 琴棋书画 | 传统文学 | 传统节日 | 中国戏剧 | 中华武术 | 中国建筑 | 民间工艺 | 传统音乐</p>

      <p>
<font color="#00ffff" size="5" face="黑体">中华武术</font> &raquo;
<font color="red" size="10" face="宋体">咏春拳</font>
</p>

      <p>咏春拳成为第四批国家级非物质文化遗产代表性项目名录</p>
  </body>
</html>
```

代码讲解：

1）添加文本。

使用<font>标签可以添加一段文字，语法格式如下：

```
<font>添加一段文本文字</font>
```

2）color 属性。

color 属性主要用于设置文本的颜色，一般使用样式代替，其语法格式如下：

```
color=颜色值
```

3）size 属性。

size 属性主要用于设置文本的字号，一般使用样式代替，其语法格式如下：

```
size=字号
```

4）face 属性。

face 属性主要用于设置文本的字体，一般使用样式代替，其语法格式如下：

```
face=字体
```

上述代码的运行效果如图 1-5 所示。

127.0.0.1/res/htmlclassics/book/demo1-3.html

中国传统文化

首页 | 诸子百家 | 琴棋书画 | 传统文学 | 传统节日 | 中国戏剧 | 中华武术 | 中国建筑 | 民间工艺 | 传统音乐

中华武术 » 咏春拳

咏春拳成为第四批国家级非物质文化遗产代表性项目名录

图 1-5　文本样式标签<font>示例的运行效果

步骤 2：添加 CSS 样式

使用 PHP 的表单数据处理功能可以获取表单提交的信息。这一步，我们会获取会员登录表单提交的账号、密码，并且将获得的账号、密码存储于相应的 PHP 变量中。

【知识链接】CSS 简介

CSS（Cascading Style Sheets，层叠样式表）是一种用于表现 HTML 文件样式的计算机语言。样式主要用于定义如何显示 HTML 标签。CSS 不仅可以静态地修饰网页，还可以配合各种脚本语言动态地对网页中的各个标签进行格式化。

CSS 可以对网页中标签的排版进行像素级精确控制，支持大部分字体、字号，具有编辑网页对象和模型样式的能力。

CSS 为 HTML 提供了一种样式描述，定义了其中标签的显示方式。CSS 在 Web 前端开发领域是一个突破。CSS 具有以下特点。

- 丰富的样式。
- 易于使用和修改。
- 多页面应用。
- 层叠。
- 页面压缩。

1. 如何使用 CSS

CSS 样式的使用方式有以下 3 种。

- 外部样式表：将样式表中的内容存储于 CSS 文件中，然后在 HTML 文件中通过<link>标签引用该 CSS 文件。
- 内部样式表：在 HTML 文件的<head>标签中添加一个<style>标签，然后在<style>标签中定义样式表。
- 内联样式：在 HTML 标签中的 style 属性中定义样式表。

2. CSS 的结构

CSS 由属性和属性值组成。

1）属性。

属性的名字是一个合法的标识符，它们是 CSS 语法中的关键字。一种属性设置一种 CSS 样式。例如，color 属性主要用于设置文本的颜色，text-indent 属性主要用于设置文本段落的缩进格式。

2）属性值。

- 整数和实数。
- 长度量。
- 百分数（percentages）。

3. CSS 语法

CSS 的语法格式如下：

```
选择器 {
    样式名: 值;
    样式名: 值;
    ……
}
```

以使用 CSS 设置颜色为例。在使用 CSS 设置颜色时，除了使用英文单词 red，还可以使用十六进制的颜色值#ff0000，代码如下：

```
p { color: #ff0000; }
```

或者：

```
p { color: red; }
```

4. CSS 注释

注释主要用于对代码进行解释，可以随意编辑，浏览器会忽略注释。

CSS 中的注释以“/*”开始，以“*/”结束，示例代码如下：

```
/*这是一条注释*/
p{
    /*这是另一条注释*/
    color:black;
}
```

【知识链接】给标签添加 CSS 样式

1. style 属性

使用标签的 style 属性给标签添加指定的 CSS 样式，语法格式如下：

```
<标签 style="CSS 代码">
```

示例代码如下：

```
<!DOCTYPE html>
<html>
<head>
<meta charset="utf-8" />
</head>
<body>
<div style="width:500px;height:300px;background-color:red;">
     这是一个 DIV 标签
</div>
</body>
</html>
```

代码讲解：

1）<div>标签的宽度和高度。

```
width:500px;
```

设置<div>标签的宽度为 500px。

```
height:300px;
```

设置<div>标签的高度为 300px。

2）<div>标签的背景颜色。

```
background-color:red;
```

设置<div>标签的背景颜色为红色。

上述代码的运行效果如图 1-6 所示。

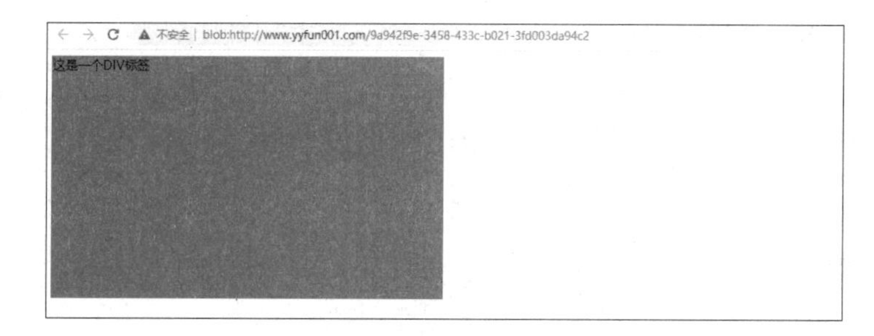

图 1-6　添加指定的 CSS 样式

2. CSS 中的选择器

在<style>标签中，使用 CSS 中的选择器添加指定的 CSS 样式，语法格式如下：

```
<style>CSS 代码</style>
```

【知识链接】文本样式

文本样式主要用于设置文本的显示样式。常用的文本样式如表 1-2 所示。

表 1-2　常用的文本样式

样　式	值	作　用
font-size	数字	设置文本的字号
font-weight	normal | bold | bolder | lighter	设置文本是否加粗
font-style	normal | italic | oblique	设置文本是否为斜体
font-family	字体名称	设置文本的字体名称
text-align	left | center | right | justify	设置文本的水平对齐方式
vertical-align	top | middle | bottom | sub |super | baseline	设置文本的垂直对齐方式
text-indent	长度	设置文本段落的缩进格式
line-height	normal | 长度	设置行高
text-decoration	none | blink | underline | line-through | overline	设置文本装饰

【知识链接】CSS 中的选择器

CSS 中的选择器主要用于查找（或选取）要设置样式的 HTML 标签。

CSS 中常用的选择器如下：

- id 选择器。
- class 选择器。
- 标签选择器。
- 群组选择器。
- 派生选择器。
- :hover 选择器。

1. id 选择器

id 选择器主要用于为标有特定 id 的 HTML 标签设置特定的样式。

id 选择器的语法格式如下：

```
<div id="content"></div>
#content{
    CSS 样式
```

```
}
```

示例代码如下：

```
<!DOCTYPE html>
<html>
  <head>
    <title>中国传统文化</title>
    <meta charset="utf-8" />
    <style type="text/css">
      #logo{
        background-color:#B30001;
        color:#FFFFFF;
        font-size:40px;
        line-height:150px;
        text-align:center;
      }
    </style>
  </head>
  <body>
      <h2 id="logo">中华传统文化</h2>
      <p>首页 | 诸子百家 | 琴棋书画 | 传统文学 | 传统节日 | 中国戏剧 | 中华武术 | 中
国建筑 | 民间工艺 | 传统音乐</p>

      <p>
        <font color="#00ffff" size="5" face="黑体">中华武术</font> &raquo;
        <font color="red" size="10" face="宋体">咏春拳</font>
      </p>

      <p>咏春拳成为第四批国家级非物质文化遗产代表性项目名录</p>  </body>
</html>
```

代码讲解：

1）为标签添加 id 属性。

```
<h2 id="logo">中华传统文化</h2>
```

为<h2>标签添加值为"logo"的 id 属性。

2）使用 id 选择器添加样式。

```
<style type="text/css">
    #logo{
        background-color:#B30001;
        color:#FFFFFF;
        font-size:40px;
        line-height:150px;
```

```
        text-align:center;
      }
    </style>
```

在<style>标签中，使用 id 选择器设置 id 属性值为"logo"的标签的显示样式。

3）id 选择器说明。

使用“#”符号定义 id 选择器。

上述代码的运行效果如图 1-7 所示。

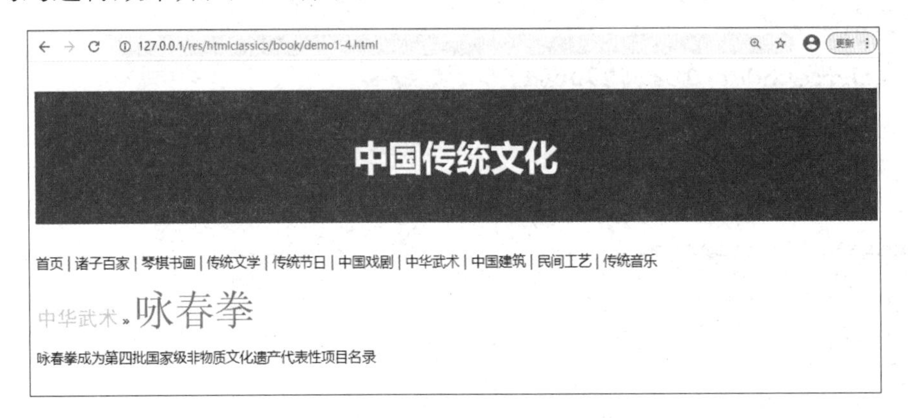

图 1-7　id 选择器示例的运行效果

2. class 选择器

class 选择器主要用于为标有 class 的 HTML 标签设置特定的样式。

class 选择器的语法格式如下：

```
<div class="content"></div>
.content{
   CSS 样式
}
```

示例代码如下：

```
<!DOCTYPE html>
<html>
  <head>
    <title>中国传统文化</title>
    <meta charset="utf-8" />
    <style type="text/css">
      #logo{
        background-color:#B30001;
        color:#FFFFFF;
        font-size:40px;
        line-height:150px;
        text-align:center;
      }
```

```
    .menu{
     background-color:#990100;
     line-height:30px;
     color:#FFFFFF;
    }
    .location{
     text-align:left;
     width:850px;
     margin-top:20px;
    }
    .title{
     font-size:20px;
     font-weight:bold;
     line-height:50px;
     text-align:center;
    }
    .time{
     font-style:italic;
     line-height:50px;
     text-align:center;
    }
  </style>
 </head>
 <body>
    <h2 id="logo">中国传统文化</h2>

    <p class="menu">首页 | 诸子百家 | 琴棋书画 | 传统文学 | 传统节日 | 中国戏剧 |
中华武术 | 中国建筑 | 民间工艺 | 传统音乐</p>

    <p class="location"> 中华武术 &raquo; 咏春拳 </p>

    <p class="title">咏春拳成为第四批国家级非物质文化遗产代表性项目名录</p>
    <div class="time">2021-12-12 00:00:01</div>
 </body>
</html>
```

代码讲解：

1）为标签添加 class 属性。

```
  <p class="menu">首页 …</p>
```

为<p>标签添加一个 class 属性，属性值为"menu"。

2）使用 class 选择器添加样式。

```
    .menu{
        background-color:#990100;
        line-height:30px;
        color:#FFFFFF;
    }
```

使用class选择器设置class属性值为"menu"的标签的背景颜色值为#990100、行高为30px、文本颜色值为#FFFFFF。

3）class 选择器的相关说明。

使用“.”符号定义 class 选择器。

上述代码的运行效果如图 1-8 所示。

图 1-8　class 选择器示例的运行效果

3. 标签选择器

标签选择器主要用于为标有该标签的 HTML 标签设置特定的样式。

标签选择器的语法格式如下：

```
<div>为 div 加入样式</div>
<style>
    div{
        css 样式
    }
</style>
```

示例代码如下：

```
<!DOCTYPE html>
<html>
  <head>
    <title>中国传统文化</title>
    <meta charset="utf-8" />
<style type="text/css">
```

```
/* 公用样式 */
    body{
      background-color:#CECDCD;
      margin-top:0px;
      font-size:15px;
    }
    p{
      text-indent: 2em;
      text-align: left;
    }
    #logo{
      background-color:#B30001;
      color:#FFFFFF;
      font-size:40px;
      line-height:150px;
      text-align:center;
    }
    .menu{
      background-color:#990100;
      line-height:30px;
      color:#FFFFFF;
    }
    .location{
      text-align:left;
      width:850px;
      margin-top:20px;
    }
    .title{
      font-size:20px;
      font-weight:bold;
      line-height:50px;
      text-align:center;
    }
    .time{
      font-style:italic;
      line-height:50px;
      text-align:center;
    }
  </style>
</head>
<body>
    <div id="logo">中国传统文化</div>
```

```
        <div class="menu">首页 | 诸子百家 | 琴棋书画 | 传统文学 | 传统节日 | 中国戏剧 | 中华武术 | 中国建筑 | 民间工艺 | 传统音乐</div>

        <div class="location"> 中华武术 &raquo;咏春拳 </div>

        <div class="title">咏春拳成为第四批国家级非物质文化遗产代表性项目名录</div>
        <div class="time">2021-12-12 00:00:01</div>
        <p>咏春拳是一门中国传统武术，是一门制止侵袭的技术，是一套积极、精简的正当防卫系统，是一种合法使用武力的拳术。与其他中国传统武术相比，咏春拳更专注于尽快制服对手，从而将当事人的损害降至最低。</p>

        <p>咏春拳是以"中线理论"等理论为基础、颇具特色的南拳拳术，强调使用正确的观念、意识及思维方式导出肢体并灵活应用;其内容主要包括"小念头""寻桥""标指"等，主要练习方式为双人对练的"黐手""黐脚"等;辅助器材有贴墙沙包、三星桩等;训练器械有木人桩、刀、棍等。</p>

        <p>2014 年 11 月 11 日，福建省福州市申报的"咏春拳"项目为第四批国家级非物质文化遗产代表性项目 。2019 年 11 月，国家级非物质文化遗产代表性项目保护单位名单公布，福建传统咏春拳(海峡)文化发展中心获得咏春拳项目保护单位资格。</p>

    </body>
</html>
```

代码讲解：

```
p{
    text-indent: 2em;
    text-align: left;
}
```

上述代码主要用于为<p>标签添加样式，设置首行缩进 2 个字符、文字左对齐。

上述代码的运行效果如图 1-9 所示。

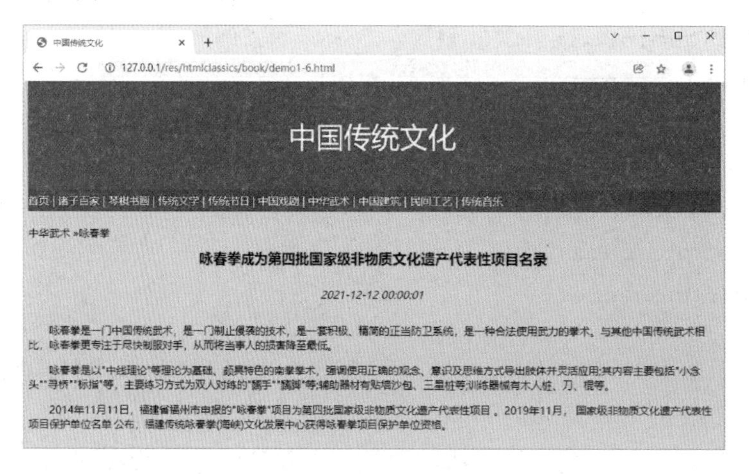

图 1-9　标签选择器示例的运行效果

4. 群组选择器

群组选择器是指将多个选择器分为一组，应用相同的样式。在使用群组选择器时，使用英文逗号“,”分隔选择器。

群组选择器的语法格式如下：

```
选择器 1,选择器 2,选择器 3{
    CSS 样式
}
```

示例代码如下：

```
<!DOCTYPE html>
<html>
<head>
    <meta charset="UTF-8" />
    <title>Document</title>
    <style type="text/css">
        #img1, #img2, .img3{
            height: 200px;
            width: 200px;
        }
    </style>
</head>
<body>
    <img id="img1" src="res/bg_02.png" />
    <img id="img2" src="res/bg_02.png" />
    <img class="img3" src="res/bg_02.png" />
</body>
</html>
```

代码讲解：

```
    <img id="img1" src="res/bg_02.png" />
    <img id="img2" src="res/bg_02.png" />
    <img class="img3" src="res/bg_02.png" />
```

由于上面的图片样式一样，因此将它们分为一组，然后为该群组选择器设置样式。

```
    #img1,#img2,.img3{
        height: 200px;
        width: 200px;
    }
```

提示：通过分组，将某些类型的样式“压缩”在一起，从而得到更简洁的样式表。

上述代码的运行效果如图 1-10 所示。

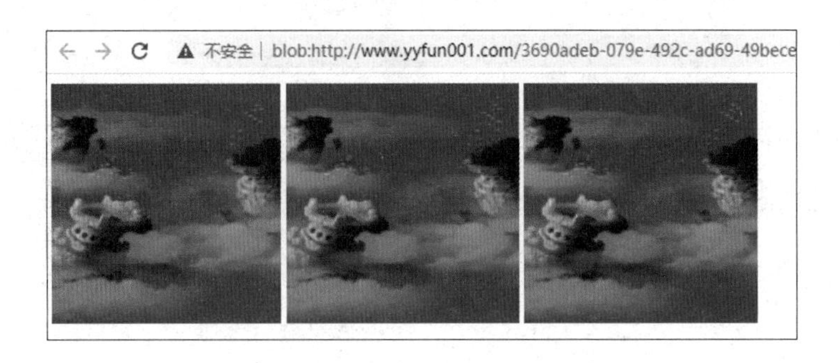

图 1-10　群组选择器示例的运行效果

5. 派生选择器

派生选择器可以根据标签在其位置的上下文关系设置样式。

派生选择器的语法格式如下：

```
<style>
    ul li{
        CSS 样式
    }
</style>
```

示例代码如下：

```
<!DOCTYPE html>
<html>
  <head>
    <title>中国传统文化</title>
    <meta charset="utf-8" />
    <style type="text/css">
      p{
        text-indent: 2em;
        text-align: left;
      }
      #logo{
        background-color:#B30001;
        color:#FFFFFF;
        font-size:40px;
        line-height:150px;
        text-align:center;
      }
      .menu{
        background-color:#990100;
        line-height:30px;
        color:#FFFFFF;
      }
```

```
    .location{
      text-align:left;
      width:850px;
      margin-top:20px;
    }
    .title{
      font-size:20px;
      font-weight:bold;
      line-height:50px;
      text-align:center;
    }
    .time{
      font-style:italic;
      line-height:50px;
      text-align:center;
    }
    .menu span{
      cursor: pointer;
    }
  </style>
</head>
<body>
    <!-- logo -->
    <div id="logo">中国传统文化</div>

    <div class="menu">
        <span>首页</span> | <span>诸子百家</span> |
        <span>琴棋书画</span> | <span>传统文学</span> |
        <span>传统节日</span> | <span>中国戏剧</span> |
        <span>中华武术</span> | <span>中国建筑</span> |
        <span>民间工艺</span> | <span>传统音乐</span>
    </div>

    <!-- 当前位置 -->
    <div class="location"> 中华武术 &raquo;咏春拳 </div>

    <!-- 新闻标题 -->
    <div class="title">咏春拳成为第四批国家级非物质文化遗产代表性项目名录</div>

    <!-- 发表时间 -->
    <div class="time">2021-12-12 00:00:01</div>
```

```
        <div class="content">

            <p>咏春拳是一门中国传统武术，是一门制止侵袭的技术，是一套积极、精简的正当防卫系统，是一种合法使用武力的拳术。与其他中国传统武术相比，咏春拳更专注于尽快制服对手，从而将当事人的损害降至最低。</p>

            <p>咏春拳是以"中线理论"等理论为基础、颇具特色的南拳拳术，强调使用正确的观念、意识及思维方式导出肢体并灵活应用;其内容主要包括"小念头""寻桥""标指"等，主要练习方式为双人对练的"黐手""黐脚"等;辅助器材有贴墙沙包、三星桩等;训练器械有木人桩、刀、棍等。</p>

            <p>2014年11月11日，福建省福州市申报的"咏春拳"项目为第四批国家级非物质文化遗产代表性项目 。2019年11月，国家级非物质文化遗产代表性项目保护单位名单公布，福建传统咏春拳(海峡)文化发展中心获得咏春拳项目保护单位资格。</p>
            <p><br/></p>
        </div>
    </body>
</html>
```

代码讲解：

1）派生选择器的使用方法。

```
<style type="text/css">
  .menu span{
     cursor: pointer;
  }
</style>
<div class="menu">
  <span>首页</span> | <span>诸子百家</span> |
  <span>琴棋书画</span> | <span>传统文学</span> |
  <span>传统节日</span> | <span>中国戏剧</span> |
  <span>中华武术</span> | <span>中国建筑</span> |
  <span>民间工艺</span> | <span>传统音乐</span>
</div>
```

.menu span{}：选择 class 属性值为"menu"的所有<span>标签。

cursor: pointer：设置样式为当鼠标指针移动到<span>标签上时显示为小手。

2）派生选择器的相关说明。

根据标签在其位置的上下文关系设置样式，通过合理地使用派生选择器，可以使 HTML 代码更加整洁。

所有 HTML 标签都可以使用派生选择器设置样式，前提是需要确定 HTML 标签的上下文关系。

6. :hover 选择器

:hover 选择器主要用于在鼠标指针移动到某个标签上时添加特殊样式。

:hover 选择器的语法格式如下：

```
<style>
    选择器:hover{
        CSS 样式
    }
</style>
```

示例代码如下：

```
<!DOCTYPE html>
<html>
  <head>
    <title>中国传统文化</title>
    <meta charset="utf-8" />
    <style type="text/css">
      p{
        text-indent: 2em;
        text-align: left;
      }
      #logo{
        background-color:#B30001;
        color:#FFFFFF;
        font-size:40px;
        line-height:150px;
        text-align:center;
      }
      .menu{
        background-color:#990100;
        line-height:30px;
        color:#FFFFFF;
      }
      .location{
        text-align:left;
        width:850px;
        margin-top:20px;
      }
      .title{
        font-size:20px;
        font-weight:bold;
        line-height:50px;
```

```
    text-align:center;
  }
  .time{
    font-style:italic;
    line-height:50px;
    text-align:center;
  }
  .menu span{
     cursor: pointer;
  }
  .menu span:hover{
     color:yellow;
  }
 </style>
</head>
<body>
  <!-- logo -->
  <div id="logo">中国传统文化</div>

  <div class="menu">
       <span>首页</span> | <span>诸子百家</span> |
       <span>琴棋书画</span> | <span>传统文学</span> |
       <span>传统节日</span> | <span>中国戏剧</span> |
       <span>中华武术</span> | <span>中国建筑</span> |
       <span>民间工艺</span> | <span>传统音乐</span>
  </div>

  <!-- 当前位置 -->
  <div class="location"> 中华武术 &raquo;咏春拳 </div>

  <!-- 新闻标题 -->
  <div class="title">咏春拳成为第四批国家级非物质文化遗产代表性项目名录</div>

  <!-- 发表时间 -->
  <div class="time">2021-12-12 00:00:01</div>

  <div class="content">

        <p>咏春拳是一门中国传统武术，是一门制止侵袭的技术，是一套积极、精简的正当防卫系统，是一种合法使用武力的拳术。与其他中国传统武术相比，咏春拳更专注于尽快制服对手，从而将当事人的损害降至最低。</p>

        <p>咏春拳是以"中线理论"等理论为基础、颇具特色的南拳拳术，强调使用正确的观念、意
```

```
识及思维方式导出肢体并灵活应用;其内容主要包括"小念头""寻桥""标指"等,主要练习方式为双人对练的"黐手""黐脚"等;辅助器材有贴墙沙包、三星桩等;训练器械有木人桩、刀、棍等。</p>

         <p>2014年11月11日,福建省福州市申报的"咏春拳"项目为第四批国家级非物质文化遗产代表性项目 。2019年11月,国家级非物质文化遗产代表性项目保护单位名单公布,福建传统咏春拳(海峡)文化发展中心获得咏春拳项目保护单位资格。</p>

         <p><br/></p>
       </div>
     </body>
   </html>
```

代码讲解:

:hover 选择器的使用方法。

```
<style type="text/css">
   .menu span:hover{
     color:yellow;
   }
</style>
```

.menu span:hover{}:在将鼠标指针移动到 class 属性值为"menu"的<span>标签上时。

color:yellow:设置文本颜色为黄色。

上述代码的运行效果如图 1-11 所示。

图 1-11 :hover 选择器示例的运行效果

7. 选择器的优先级

当两个选择器作用于同一个 HTML 标签上时,如果定义的属性有冲突,则会根据选择器的优先级确认使用哪个选择器设置的样式。选择器的优先级如下。

1)在属性后面使用 !important,可以覆盖页面内任何位置定义的元素样式。

2）作为 style 属性写在标签内的样式。

3）id 选择器。

4）class 选择器。

5）标签选择器。

6）通配符选择器：用*{}表示，如 p*{}表示选择<p>标签中的所有标签。

7）继承。

8）浏览器默认属性。

总结排序：!important > 行内样式> id 选择器 > class 选择器 > 标签选择器 > 通配符选择器 > 继承 > 浏览器默认属性

如果属于相同的级别，那么后设置的样式会覆盖先设置的样式。

步骤 3：使用<div>标签

<div>标签主要用于定义文档中的分隔区域或一个区域部分。

<div>标签可以将文档分割为独立的、不同的部分。

<div>标签是一个块级标签，该标签内的内容会自动开始一个新行。实际上，换行是<div>标签固有的唯一格式表现。

【知识链接】盒子模型概念

将网页中每个 HTML 标签都视为长方形的盒子，是网页设计的一大创新。

在 CSS 中，所有页面标签都包含在一个矩形框内，这个矩形框称为盒子。盒子描述了标签及属性在页面布局中所占的空间大小，因此盒子可以影响其他标签的位置及大小。

盒子模型由 margin（外边距）属性、border（边框）属性、padding（内边距）属性和 content（内容）属性组成，如图 1-12 所示。

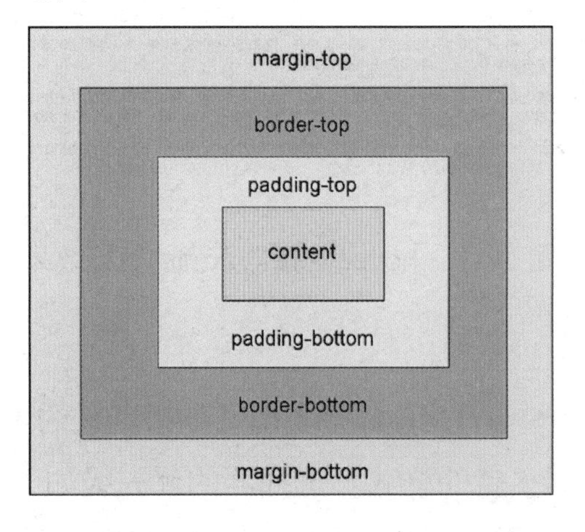

图 1-12　盒子模型的组成部分

一个盒子的实际高度（宽度）是由 content+padding+border+margin 组成的。可以通过设置 width 属性和 height 属性的值控制 content 属性值的大小。对于同一个盒子，可以分别设置 4 条边的 border、padding 和 margin 属性值。

不同部分的说明如下。

- margin（外边距）：边框外的区域，外边距是透明的。
- border（边框）：围绕在内边距和内容外的边框。
- padding（内边距）：内容周围的区域，内边距是透明的。
- content（内容）：盒子中显示的文本和图像。

标签的总宽度计算公式如下：

标签的总宽度=宽度+左外边距+右外边距+左边框+右边框+左内边距+右内边距

标签的总高度计算公式如下：

标签的总高度=高度+上外边距+下外边距+上边框+下边框+上内边距+下内边距

【知识链接】标签的宽度和高度

在设置标签的宽度和高度的 CSS 样式时，设置的是内容区域的宽度和高度。

设置标签的宽度和高度的语法格式如下：

```
{
    width:宽度值;
    height:高度值;
}
```

示例代码如下：

```
<!DOCTYPE html>
<html>
<head>
<title>DIV 标签</title>
<meta charset="utf-8" />
    <style type="text/css">
      .div1{
        width:900px;
        height:50px;
        background:#f2f2f2;
      }
    </style>
</head>
<body>
<div class="div1">DIV 标签</div>
```

```
</body>
</html>
```

代码讲解：

```
width:900px;
```

设置 class 属性值为"div1"的<div>标签的宽度为 900px。

```
height:50px;
```

设置 class 属性值为"div1"的<div>标签的高度为 50px。

```
background:#f2f2f2;
```

设置 class 属性值为"div1"的<div>标签的背景颜色值为#f2f2f2。

上述代码的运行效果如图 1-13 所示。

不安全 | blob:http://www.yyfun001.com/7743d170-84e7-4150-a986-430f1e8f9813

DIV标签

图 1-13　设置<div>标签宽度、高度和背景颜色示例的运行效果

【知识链接】标签的边框

border 属性主要用于设置要显示什么样的边框。

1. 边框的样式

border-style 属性主要用于设置边框的样式，border-style 属性的值如下。

- none：默认无边框。
- dotted：设置一个点线边框。
- dashed：设置一个虚线边框。
- solid：设置一个实线边框。
- double：设置两个边框。两个边框的宽度和 border-width 属性的值相同。
- groove：设置一个 3D 沟槽边框，效果取决于边框的颜色值。
- ridge：设置一个 3D 脊边框，效果取决于边框的颜色值。
- inset：设置一个 3D 嵌入边框，效果取决于边框的颜色值。
- outset：设置一个 3D 突出边框，效果取决于边框的颜色值。

2. 边框的宽度

border-width 属性主要用于设置边框的宽度。

设置边框宽度的语法格式如下：

```
{
  border-width:5px;
}
```

说明：设置边框的宽度为 5px。

3. 边框的颜色

border-color 属性主要用于设置边框的颜色。边框颜色有 3 种格式，具体如下。

- name：指定颜色的名称，如“red”。
- RGB：指定颜色的 RGB 值，如 rgb(255,0,0)。
- Hex：指定颜色的十六进制值，如#ff0000。

设置边框颜色的语法格式如下：

```
{
  border-color:red;
}
```

说明：设置边框的颜色为红色。

3. 单独设置各边框的样式

示例代码如下：

```
{
  border-style:dotted solid double dashed;
}
```

说明：

- 设置上边框的 border-style 属性值为 dotted。
- 设置右边框的 border-style 属性值为 solid。
- 设置下边框的 border-style 属性值为 double。
- 设置左边框的 border-style 属性值为 dashed。

示例代码如下：

```
{
  border-style:dotted solid double;
}
```

说明：

- 上边框的 border-style 属性值为 dotted。
- 左、右边框的 border-style 属性值为 solid。
- 下边框的 border-style 属性值为 double。

示例代码如下：

```
{
  border-style:dotted solid;
}
```

说明：

上、下边框的 border-style 属性值为 dotted。

左、右边框的 border-style 属性值为 solid。

4. 边框属性的简写

可以直接在 border 属性中设置边框的显示效果。

示例代码如下：

```
{
   border:5px solid red;
}
```

说明：设置边框的宽度为 5px，采用红色的实线边框。

示例代码如下：

```
<!DOCTYPE html>
<html>
<head>
<title>DIV 标签</title>
<meta charset="utf-8" />
   <style type="text/css">
     .div1{
       width:900px;
       height:50px;
       line-height:50px;
       border:1px solid red;
     }
   </style>
</head>
<body>
<div class="div1">DIV 标签</div>
</body>
</html>
```

代码讲解：

```
   border:1px solid red;
```

设置 class 属性值为"div1"的<div>标签的边框宽度为 1px，采用红色的实线边框。

上述代码的运行效果如图 1-14 所示。

图 1-14 <div>标签边框示例的运行效果

【知识链接】标签的边距

1. 外边距

使用 margin 属性设置标签外边距（标签周围的空间）的样式。外边距没有背景颜色，是完全透明的。

使用 margin 属性可以单独设置标签上、下、左、右外边距的样式，也可以一次性设置所有外边距的样式。

1）单边外边距样式。

示例代码如下：

```
{
    margin-top:100px;
    margin-bottom:100px;
    margin-right:50px;
    margin-left:50px;
}
```

说明：

- 设置上外边距为 100px。
- 设置下外边距为 100px。
- 设置右外边距为 50px。
- 设置左外边距为 50px。

2）外边距样式的简写。

为了缩短代码，可以使用 margin 属性设置所有外边距的样式。margin 属性可以有 1 ~ 4 个值。

示例代码如下：

```
{
    margin:25px 50px 75px 100px;
}
```

说明：

- 设置上外边距为 25px。
- 设置右外边距为 50px。
- 设置下外边距为 75px。
- 设置左外边距为 100px。

示例代码如下：

```
{
    margin:25px 50px 75px;
}
```

说明：

- 设置上外边距为 25px。
- 设置左、右外边距为 50px。
- 设置下外边距为 75px。

示例代码如下：

```
{
    margin:25px 50px;
}
```

说明：

- 设置上、下外边距为 25px。
- 设置左、右外边距为 50px。

示例代码如下：

```
{
    margin:25px;
}
```

说明：

设置 4 个外边距都是 25px。

2. 内边距

使用 padding 属性设置标签内边距（边框与标签内容之间的空间）的样式。在清除标签的内边距时，会使用标签的背景颜色填充释放的区域。使用 padding 属性可以设置上、下、左、右内边距的样式。padding 属性的值有以下两种格式。

- length：设置一个固定的内边距样式，单位为 px、em 等。

- %：使用百分比设置内边距样式。

1）单边内边距样式。

示例代码如下：

```
{
    padding-top:25px;
    padding-bottom:25px;
    padding-right:50px;
    padding-left:50px;
}
```

说明：

- 设置上内边距为 25px。
- 设置下内边距为 25px。
- 设置右内边距为 50px。
- 设置左内边距为 50px。

2）内边距样式的简写。

为了缩短代码，可以使用 padding 属性设置所有内边距的样式。padding 属性可以有 1～4 个值。

示例代码如下：

```
{
    padding:25px 50px 75px 100px;
}
```

说明：

- 设置上内边距为 25px。
- 设置右内边距为 50px。
- 设置下内边距为 75px。
- 设置左内边距为 100px。

示例代码如下：

```
{
    padding:25px 50px 75px;
}
```

说明：

- 设置上内边距为 25px。
- 设置左、右内边距为 50px。

- 设置下内边距为 75px。

示例代码如下：

```
{
   padding:25px 50px;
}
```

说明：

- 设置上、下内边距为 25px。
- 设置左、右内边距为 50px。

示例代码如下：

```
{
   padding:25px;
}
```

说明：设置 4 个内边距都是 25px。

示例代码如下：

```
<!DOCTYPE html>
<html>
  <head>
    <title>中国传统文化</title>
    <meta charset="utf-8" />
    <style type="text/css">
      /* 公用样式 */
      body{
        background-color:#CECDCD;
        margin-top:0px;
        font-size:15px;
      }
      p{
        text-indent: 2em;
        text-align: left;
      }
      #logo{
        background-color:#B30001;
        color:#FFFFFF;
        font-size:40px;
        line-height:150px;
        text-align:center;
      }
      .menu{
```

```
        background-color:#990100;
        line-height:30px;
        color:#FFFFFF;
        text-align: center;
      }
      .location{
        text-align:left;
        width:850px;
        margin:20px auto 0;
      }
      .title{
        font-size:20px;
        font-weight:bold;
        line-height:50px;
        text-align:center;
      }
      .time{
        font-style:italic;
        line-height:50px;
        text-align:center;
      }
      .menu span{
        cursor: pointer;
      }
       .menu span:hover{
        color:yellow;
       }
       .mainDiv{
          background-color:#FFFFFF;
          border:2px solid #990100;
          width:900px;
          margin:0 auto;
       }
       .content{
          width:90%;
          padding:20px 5%;
       }
    </style>
  </head>
  <body>
    <div class="mainDiv">
      <!-- logo -->
```

```
        <div id="logo">中国传统文化</div>

        <div class="menu"><span>首页</span> | <span>诸子百家</span> | <span>琴棋书画</span> | <span>传统文学</span> | <span>传统节日</span> | <span>中国戏剧</span> | <span>中华武术</span> | <span>中国建筑</span> | <span>民间工艺</span> | <span>传统音乐</span></div>

        <!-- 当前位置 -->
        <div class="location"> 中华武术 &raquo;咏春拳 </div>

        <!-- 新闻标题 -->
        <div class="title">咏春拳成为第四批国家级非物质文化遗产代表性项目名录</div>

        <!-- 发表时间 -->
        <div class="time">2021-12-12 00:00:01</div>

        <div class="content">

          <p>咏春拳是一门中国传统武术，是一门制止侵袭的技术，是一套积极、精简的正当防卫系统，是一种合法使用武力的拳术。与其他中国传统武术相比，咏春拳更专注于尽快制服对手，从而将当事人的损害降至最低。</p>

          <p>咏春拳是以"中线理论"等理论为基础、颇具特色的南拳拳术，强调使用正确的观念、意识及思维方式导出肢体并灵活应用;其内容主要包括"小念头""寻桥""标指"等，主要练习方式为双人对练的"黐手""黐脚"等;辅助器材有贴墙沙包、三星桩等;训练器械有木人桩、刀、棍等。</p>

          <p>2014 年 11 月 11 日，福建省福州市申报的"咏春拳"项目为第四批国家级非物质文化遗产代表性项目 。2019 年 11 月，国家级非物质文化遗产代表性项目保护单位名单公布，福建传统咏春拳(海峡)文化发展中心获得咏春拳项目保护单位资格。</p>

          <p><br/></p>
        </div>
      </div>
    </body>
  </html>
```

代码讲解:

1）class 属性值为"mainDiv"的<div>标签样式。

```
.mainDiv{
      background-color:#FFFFFF;
      border:2px solid #990100;
      width:900px;
```

```
    margin:0 auto;
}
```

background-color:#FFFFFF：设置标签的背景颜色值为#FFFFFF。

border:2px solid #990100：设置标签边框的宽度为 2px、实线、颜色值为#990100。

width:900px：设置标签的宽度为 900px。

margin:0 auto：设置标签的上、下外边距为 0，左、右外边距为自动，实际效果为居中显示。

2）class 属性值为"content"的<div>标签样式。

```
.content{
    width:90%;
    padding:20px 5%;
}
```

width:90%：设置标签的宽度为 90%。

padding:20px 5%：设置标签的上、下内边距为 20px，左、右内边距为 5%。

上述代码的运行效果如图 1-15 所示。

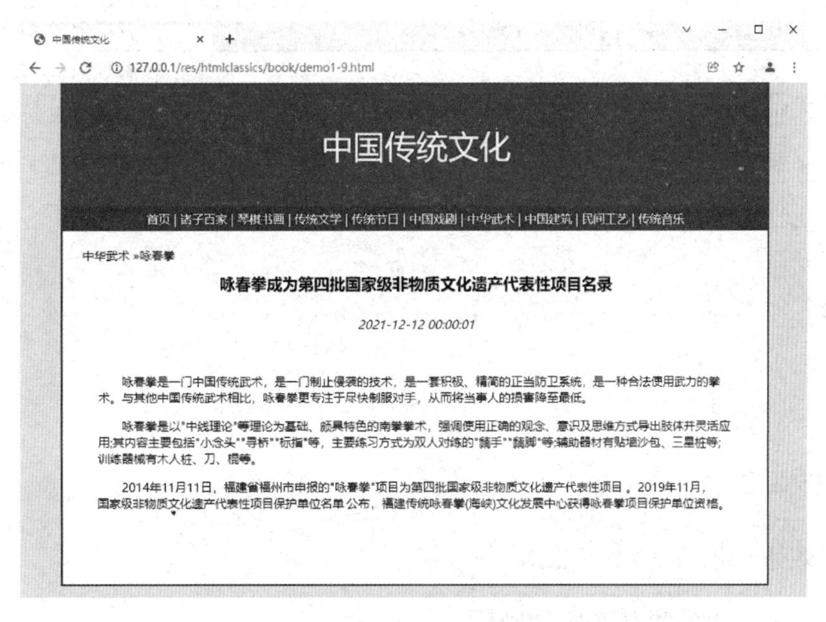

图 1-15　常用的<div>标签样式示例的运行效果

常用的标签样式如表 1-3 所示。

表 1-3　常用的标签样式

单　位	值	作　用
width	长度|百分比	设置标签的宽度
height	长度|百分比	设置标签的高度
max-width	长度|百分比	设置标签的最大宽度
max-height	长度|百分比	设置标签的最大高度
min-width	长度|百分比	设置标签的最小宽度

续表

单　位	值	作　用
min-height	长度|百分比	设置标签的最小高度
border	边框宽度 边框样式 边框颜色	设置边框的显示效果
border-width	长度	设置边框的宽度
border-style	none|hidden|solid|dashed|dotten|double	设置边框的样式
border-color	颜色	设置边框的颜色
border-top	边框宽度 边框样式 边框颜色	设置标签上边框的样式
border-left	边框宽度 边框样式 边框颜色	设置标签左边框的样式
border-right	边框宽度 边框样式 边框颜色	设置标签右边框的样式
border-bottom	边框宽度 边框样式 边框颜色	设置标签下边框的样式
margin	上边距 右边距 下边距 左边距	设置标签的 4 个外边距
margin-left	长度|百分比	设置标签的左外边距
margin-right	长度|百分比	设置标签的右外边距
margin-top	长度|百分比	设置标签的上外边距
margin-bottom	长度|百分比	设置标签的下外边距
padding	上边距 右边距 下边距 左边距	设置标签的 4 个内边距
padding-left	长度|百分比	设置标签的左内边距
padding-right	长度|百分比	设置标签的右内边距
padding-top	长度|百分比	设置标签的上内边距
padding-bottom	长度|百分比	设置标签的下内边距

拓展练习

运用所学知识，完成以下拓展练习。

拓展 1：散文样式

散文样式的效果如图 1-16 所示。

中国古代散文名篇《岳阳楼记》

北宋时期政治家、文学家范仲淹的作品

《岳阳楼记》

[作者介绍]

范仲淹，范仲淹(989年10月1日-1052年6月19日)，字希文。祖籍邠州，后移居苏州吴县。北宋时期杰出的政治家、文学家。

[作品原文]

庆历四年春，滕子京谪守巴陵郡。越明年，政通人和，百废具兴。乃重修岳阳楼，增其旧制，刻唐贤今人诗赋于其上。属予作文以记之。

予观夫巴陵胜状，在洞庭一湖。衔远山，吞长江，浩浩汤汤，横无际涯；朝晖夕阴，气象万千。此则岳阳楼之大观也，前人之述备矣。然则北通巫峡，南极潇湘，迁客骚人，多会于此，览物之情，得无异乎？

若夫淫雨霏霏，连月不开，阴风怒号，浊浪排空；日星隐曜，山岳潜形；商旅不行，樯倾楫摧；薄暮冥冥，虎啸猿啼。登斯楼也，则有去国怀乡，忧谗畏讥，满目萧然，感极而悲者矣。

至若春和景明，波澜不惊，上下天光，一碧万顷；沙鸥翔集，锦鳞游泳；岸芷汀兰，郁郁青青。而或长烟一空，皓月千里，浮光跃金，静影沉璧，渔歌互答，此乐何极！登斯楼也，则有心旷神怡，宠辱偕忘，把酒临风，其喜洋洋者矣。

嗟夫！予尝求古仁人之心，或异二者之为，何哉？不以物喜，不以己悲；居庙堂之高则忧其民；处江湖之远则忧其君。是进亦忧，退亦忧。然则何时而乐耶？其必曰"先天下之忧而忧，后天下之乐而乐"乎。噫！微斯人，吾谁与归？

时六年九月十五日。

图 1-16　散文样式的效果

要求：

参照效果图完成练习。

在线做题：

打开浏览器并输入指定地址，在线完成本道练习题。

实训链接：http://www.hxedu.com.cn/Resource/OS/AR/zz/zxy/202103636/6.html

实训码：92cc3a5c

拓展 2：诗歌 CSS 样式

诗歌 CSS 样式的效果如图 1-17 所示。

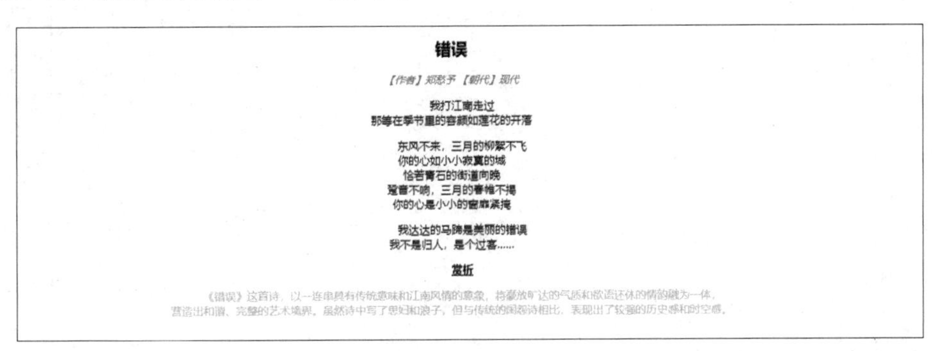

图 1-17 诗歌 CSS 样式的效果

要求：

1. 参照效果图完成练习。
2. 作者和朝代的颜色值为#808080，赏析内容的颜色值为#C0C0C0。
3. 诗歌内容和赏析内容首行缩进 2em。

在线做题：

打开浏览器并输入指定地址，在线完成本道练习题。

实训链接：http://www.hxedu.com.cn/Resource/OS/AR/zz/zxy/202103636/6.html

实训码：95b1c5b9

拓展 3：彩虹色唐诗

彩虹色唐诗的效果如图 1-18 所示。

要求：

1. 参照效果图完成练习。
2. 标题采用<h2>标签，作者和朝代加上画线、字体倾斜、颜色为灰色。
3. 歌词使用 7 种颜色，对应的颜色值如下。

- 赤：#FF0000。

- 橙：#FF7F00。
- 黄：#FFD700。
- 绿：#00FF00。
- 青：#00FFFF。
- 蓝：#0000FF。
- 紫：#8B00FF。

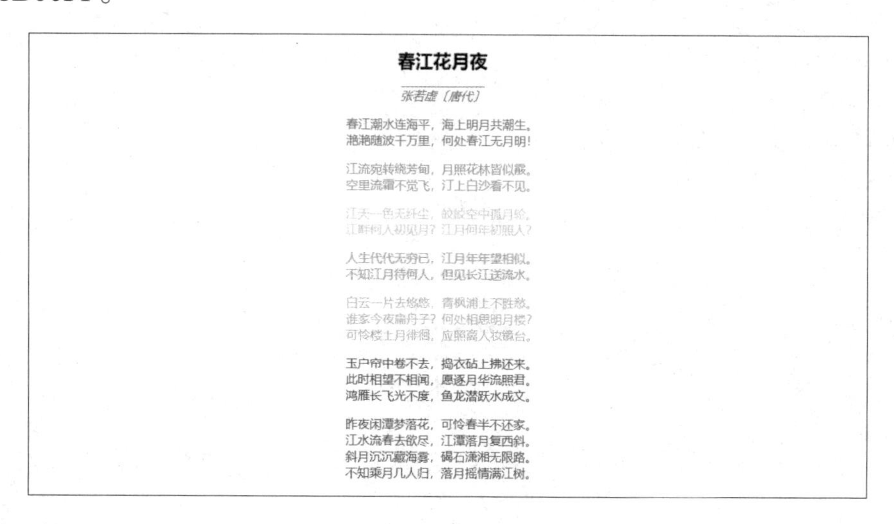

图 1-18　彩虹色唐诗的效果

在线做题：

打开浏览器并输入指定地址，在线完成本道练习题。

实训链接：http://www.hxedu.com.cn/Resource/OS/AR/zz/zxy/202103636/6.html

实训码：7fe6eaf9

拓展 4：中国诗词之美

中国诗词之美的效果如图 1-19 所示。

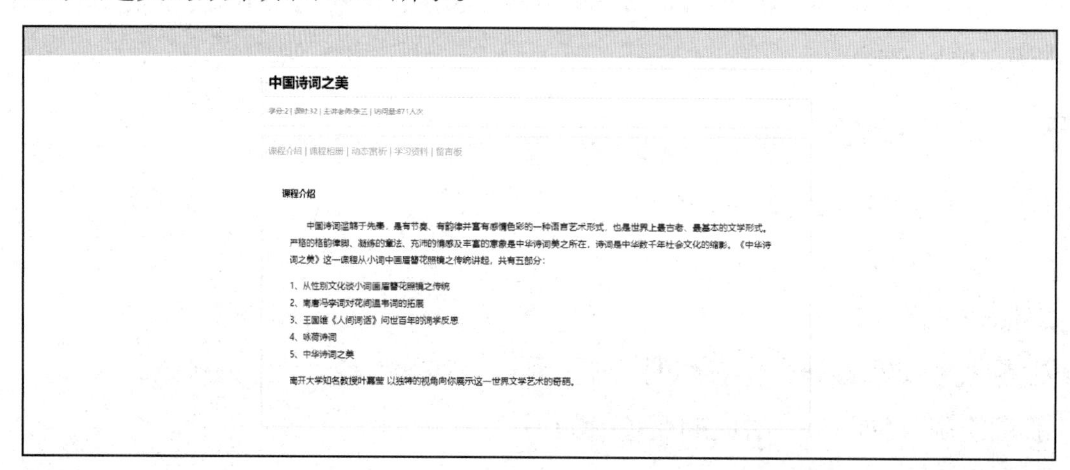

图 1-19　中国诗词之美的效果

要求：

参照效果图完成练习。

提示：给标签添加阴影的语法格式如下：

```
box-shadow : 水平偏移值　垂直偏移值　模糊值　外延值　阴影颜色;
```

示例代码如下：

```
<div style="box-shadow:0px 0px 4px 4px #EDEDED"></div>
```

在线做题：

打开浏览器并输入指定地址，在线完成本道练习题。

实训链接：http://www.hxedu.com.cn/Resource/OS/AR/zz/zxy/202103636/6.html

实训码：13968fa0

测验评价

评价标准：

采　分　点	教师评分（0～5 分）	自评（0～5 分）	互评（0～5 分）
1．HTML5 文档的基本标签 2．文本标签 3．CSS 简介 4．给标签添加 CSS 样式 5．文本样式 6．CSS 中的选择器 7．盒子模型概念 8．标签的宽度和高度 9．标签的边框 10．标签的边距			

模块 2

制作响应式网页结构

情景导入

制作响应式网页结构是网站开发中常见的功能模块。响应式网页设计是指使网页自动适应屏幕宽度，从而在不同的终端设备上显示网页的设计方法及技术，如图 2-1 所示。响应式网页结构中包含 CSS 响应式布局（@media 查询）、CSS 弹性布局、<div>标签、CSS 定位等内容。

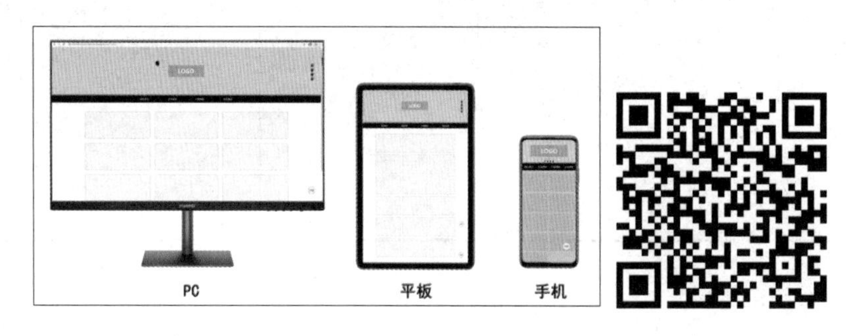

图 2-1　响应式网页设计

任务分析

通常使用 index.html 文件实现，可以使用<div>等标签，设置 CSS 的 static（静态）定位、relative（相对）定位、absolute（绝对）定位、fixed（固定）定位、display:flex（弹性布局）、@media（媒体）查询等样式，从而实现图 2-1 中的页面效果。

制作图 2-1 中的响应式网页结构，在整体的实现上，可以划分为以下 3 个步骤。

（1）标签定位。

（2）弹性布局。

（3）响应式布局（@media 查询）。

任务实施

步骤 1：标签定位

【知识链接】标签定位简介

标签可以使用顶部、底部、左侧和右侧属性定位。要使用这些属性，需要先设置 position 属性的值。定位有不同的定位方式，具体如下。

- static 定位：元素的默认值，静态定位，即没有定位。
- absolute 定位：绝对定位，相对于 static 定位以外的第一个父标签进行定位。
- relative 定位：相对定位，相对于其正常位置进行定位。
- fixed 定位：绝对定位，相对于浏览器窗口进行定位。

下面来看一个示例，1 个父标签<div>采用灰色边框且在浏览器中水平居中显示；3 个子标签<div>的背景颜色分别为红色、蓝色和绿色，如图 2-2 所示。

将蓝色<div>标签的定位方式设置为 relative 定位，设置 top 和 left 属性的值为 30px，可以看到蓝色<div>标签以原位置的左上顶点为起点进行偏移，如图 2-3 所示。

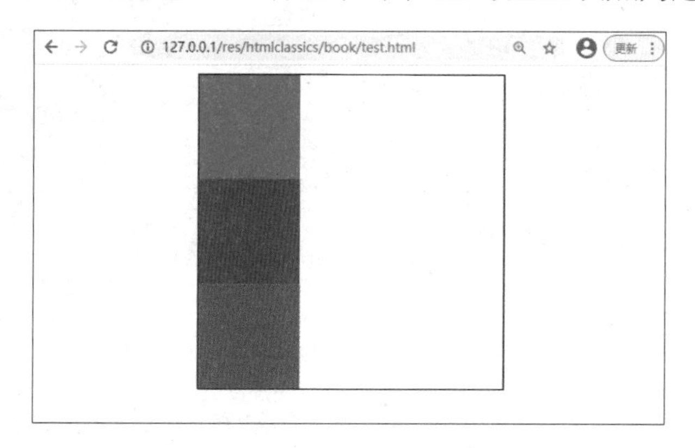

图 2-2　正常文档流

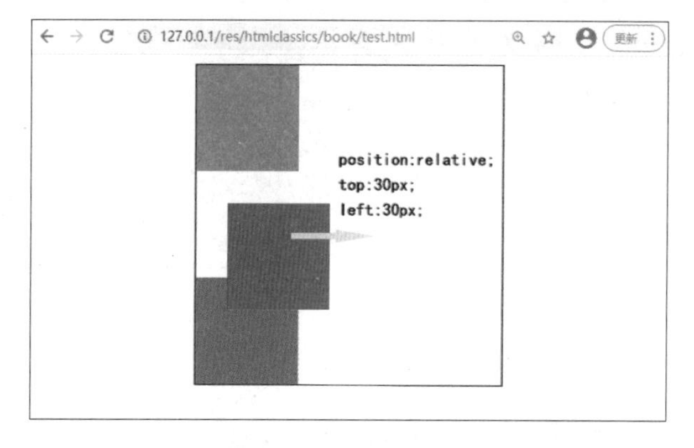

图 2-3　relative 定位

将蓝色<div>标签的定位方式设置为 absolute 定位，蓝色<div>标签会脱离正常文档流，相对于顶级标签<body>定位。蓝色<div>标签脱离了正常文档流，但红色<div>标签的位置没有改变，绿色<div>标签因为蓝色<div>标签的浮动，向上补充了蓝色<div>标签的位置，如图 2-4 所示。

如果要让蓝色<div>标签相对于父标签定位，则可以使用“子绝父相”的方法，就是将蓝色<div>标签的父标签设置为 relative 定位。此时，父标签就相当于一个容器，蓝色<div>标签就相对于父标签进行偏移了，如图 2-5 所示。

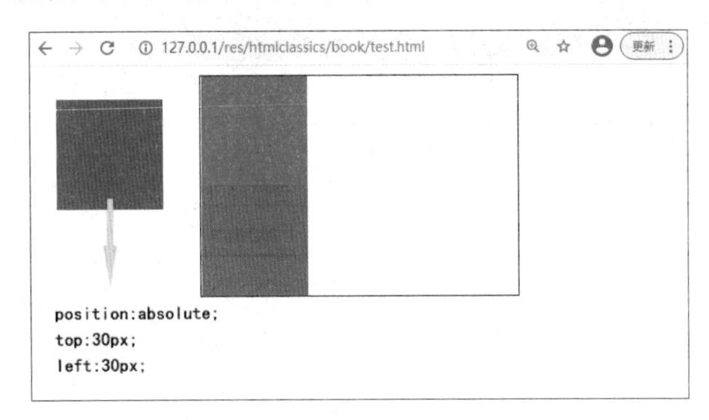

图 2-4　absolute 定位

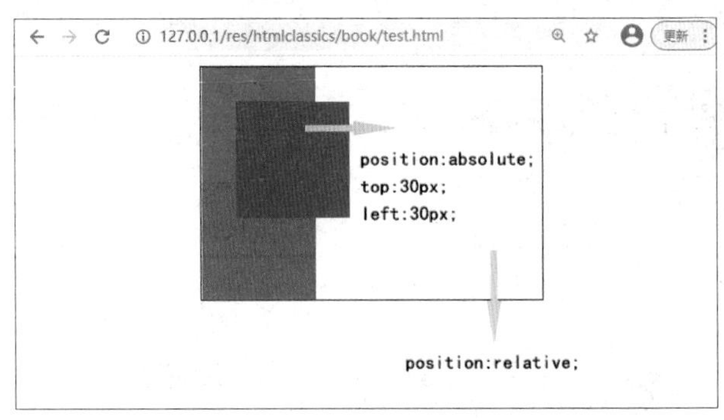

图 2-5　子标签 absolute 定位、父标签 relative 定位

fixed 定位与 absolute 定位类似，但 fixed 定位是相对于浏览器窗口定位的，并且不会跟随滚动条进行滚动，通常将网页中用于返回顶部的按钮设置为 fixed 定位，如图 2-6 所示。

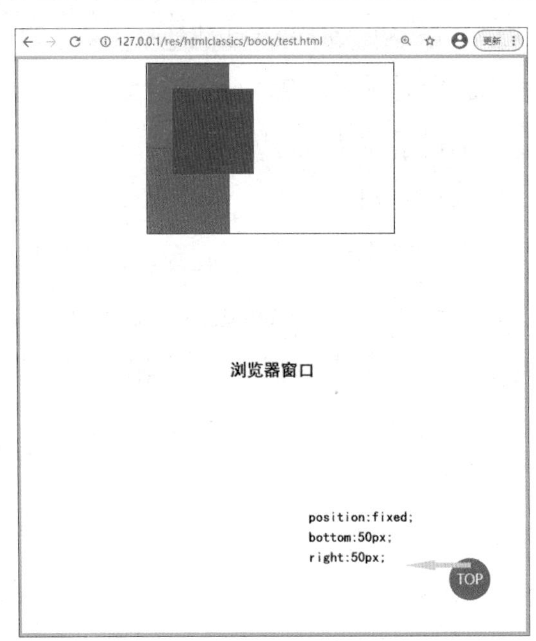

图 2-6　fixed 定位

【知识链接】static 定位

static 定位是 HTML 标签的默认定位方式，即没有定位，遵循正常的文档流对象。

采用 static 定位的标签不会受 top 属性、bottom 属性、left 属性、right 属性的影响。

【知识链接】relative 定位

relative 定位是指标签相对于其正常位置进行定位。移动采用 relative 定位方式的元素，其原本所占的空间不会改变。采用 relative 定位方式的标签通常用于作为采用 absolute 定位方式的容器。

示例代码如下：

```
<!DOCTYPE html>
<html>
<head>
<title> </title>
<meta charset="utf-8" />
    <style type="text/css">
          /* 公用样式 */
          html,body{
            margin:0px;
          }
          /* 正文内容 */
          .mainDiv{
            width:100%;
            height:320px;
            background:rgba(255,163,48,0.6);
            position:relative;
            top:0px;
          }
          .logo{
            width:260px;
            line-height:80px;
            background:rgba(255,93,67,0.6);
            text-align:center;
            font-weight:bold;
            font-size:40px;
            color:#fff;
          }
    </style>
</head>
<body>
    <!-- 正文内容 -->
    <div class="mainDiv">
        <div class="logo">LOGO</div>
</div>
```

```
</body>
</html>
```

代码讲解：

```
.mainDiv{
     width:100%;
     height:320px;
     background:rgba(255,163,48,0.6);
     position:relative;
     top:0px;
}
```

position:relative：设置标签的定位方式为 relative 定位。

top:0px：距 class 属性值为"mainDiv"的<div>标签的上边 0px。

上述代码的运行效果如图 2-7 所示。

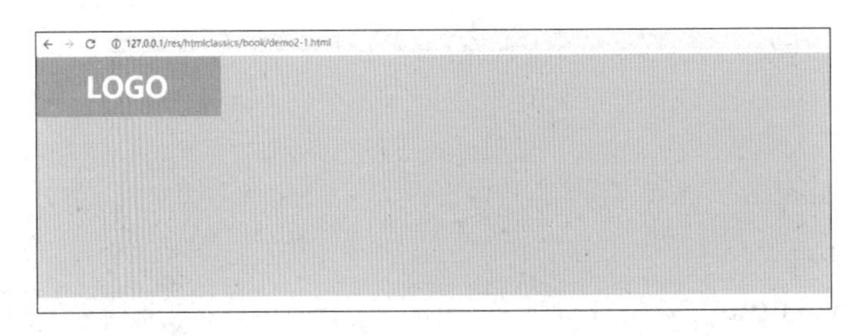

图 2-7 relative 定位示例的运行效果

【知识链接】absolute 定位

absolute 定位是指标签的位置相对于最近的已定位的父标签进行定位，如果没有已定位的父标签，那么它的位置会相对于<html>标签进行定位。

采用 absolute 定位方式的标签位置与文档流无关，因此不占用空间。采用 absolute 定位方式的标签和其他标签重叠。

示例代码如下：

```
<!DOCTYPE html>
<html>
<head>
<title></title>
<meta charset="utf-8" />
<style type="text/css">
        /* 公用样式 */
        html,body{
            margin:0px;
        }
```

```
        /* 正文内容 */
        .mainDiv{
            width:100%;
            height:320px;
            background:rgba(255,163,48,0.6);
            position:relative;
            top:0px;
        }
        .logo{
            width:260px;
            line-height:80px;
            background:rgba(255,93,67,0.6);
            text-align:center;
            font-weight:bold;
            font-size:40px;
            color:#fff;
            position:absolute;
            left:50%;
            top:50%;
        }
        /* 右侧的浮动按钮 */
        .btn_list{
            position:absolute;
            right:50px;
            top:50%;
        }
        .btn_list div{
            width:20px;
            height:20px;
            margin-top:10px;
            border-radius:50px;
            background-color:#3D3D3D;
            cursor:pointer;
        }
    </style>
</head>
<body>
    <!-- 正文内容 -->
    <div class="mainDiv">
        <div class="logo">LOGO</div>
        <!-- 右侧浮动按钮 -->
        <div class="btn_list">
```

```
            <div id="cur"></div>
            <div></div>
            <div></div>
            <div></div>
        </div>
    </div>
</body>
</html>
```

代码讲解：

```
.logo{
    width:260px;
    line-height:80px;
    background:rgba(255,93,67,0.6);
    text-align:center;
    font-weight:bold;
    font-size:40px;
    color:#fff;
    position:absolute;
    left:50%;
    top:50%;
}
```

position:absolute：设置标签的定位方式为 absolute 定位。

left:50%：距 class 属性值为"logo"的<div>标签的左边定位 50%。

top:50%：距 class 属性值为"logo"的<div>标签的上边定位 50%。

上述代码的运行效果如图 2-8 所示。

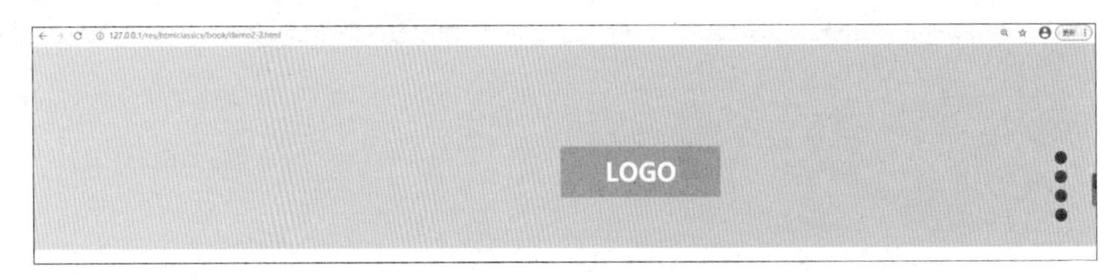

图 2-8　absolute 定位示例的运行效果

可以设置 transform（位置平移）属性，让图 2-8 中的 LOGO 部分在父标签中的水平方向和垂直方向上都居中显示，右侧的浮动按钮在父标签中的垂直方向上居中显示。

示例代码如下：

```
<!DOCTYPE html>
<html>
<head>
<title></title>
```

```
<meta charset="utf-8" />
    <style type="text/css">
        /* 公用样式 */
        html,body{
            margin:0px;
        }
        /* 正文内容 */
        .mainDiv{
            width:100%;
            height:320px;
            background:rgba(255,163,48,0.6);
            position:relative;
            top:0px;
        }
        .logo{
            width:260px;
            line-height:80px;
            background:rgba(255,93,67,0.6);
            text-align:center;
            font-weight:bold;
            font-size:40px;
            color:#fff;
            position:absolute;
            left:50%;
            top:50%;
            transform:translate(-50%,-50%);
        }
        /* 右侧的浮动按钮 */
        .btn_list{
            position:absolute;
            right:50px;
            top:50%;
            transform:translatey(-50%);
        }
        .btn_list div{
            width:20px;
            height:20px;
            margin-top:10px;
            border-radius:50px;
            background-color:#3D3D3D;
            cursor:pointer;
        }
```

```
        #cur{
            background-color:#10508D;
        }
    </style>
</head>
<body>
    <!-- 正文内容 -->
    <div class="mainDiv">
        <div class="logo">LOGO</div>
        <!-- 右侧浮动按钮 -->
        <div class="btn_list">
          <div id="cur"></div>
          <div></div>
          <div></div>
          <div></div>
        </div>
    </div>
</body>
</html>
```

代码讲解：

1）transform: translate()。

```
.logo{
    width:260px;
    line-height:80px;
    background:rgba(255,93,67,0.6);
    text-align:center;
    font-weight:bold;
    font-size:40px;
    color:#fff;
    position:absolute;
    left:50%;
    top:50%;
    transform:translate(-50%,-50%);
}
```

transform:translate(-50%,-50%)：对标签应用 2D 转换定位，距当前标签的左边-50%，距当前标签的上边-50%。

2）transform: translatey()。

```
.btn_list{
    position:absolute;
    right:50px;
```

```
    top:50%;
    transform:translatey(-50%);
}
```

transform:translatey(-50%)：对标签应用 2D 转换定位，距当前标签的上边-50%。

上述代码的运行效果如图 2-9 所示。

图 2-9　对标签应用 2D 转换定位示例的运行效果

【知识链接】fixed 定位

fixed 定位又称为固定定位，采用 fixed 定位方式的标签永远都会相对于浏览器窗口进行定位，固定在浏览器窗口中的某个位置，不会随滚动条滚动。

采用 fixed 定位方式的标签位置与文档流无关，因此不占用空间。采用 fixed 定位方式的标签和其他标签重叠。

示例代码如下：

```
<!DOCTYPE html>
<html>
<head>
<title></title>
<meta charset="utf-8" />
    <style type="text/css">
        /* 公用样式 */
        html,body{
            margin:0px;
        }
        /* 正文内容 */
        .mainDiv{
            width:100%;
            height:320px;
            background:rgba(255,163,48,0.6);
            position:relative;
            top:0px;
        }
        .logo{
```

```
    width:260px;
    line-height:80px;
    background:rgba(255,93,67,0.6);
    text-align:center;
    font-weight:bold;
    font-size:40px;
    color:#fff;
    position:absolute;
    left:50%;
    top:50%;
    transform:translate(-50%,-50%);
}
/* 右侧的浮动按钮 */
.btn_list{
    position:absolute;
    right:50px;
    top:50%;
    transform:translatey(-50%);
}
.btn_list div{
    width:20px;
    height:20px;
    margin-top:10px;
    border-radius:50px;
    background-color:#3D3D3D;
    cursor:pointer;
}
#cur{
    background-color:#10508D;
}
/* 返回顶部 */
.backtop{
    position:fixed;
    right:40px;
    bottom:50px;
    width:50px;
    text-align: center;
    line-height: 50px;
    color:#333;
    background: #F5F5F5;
```

```
            border:1px solid #333;
            border-radius: 50%;
        }
    </style>
</head>
<body>
    <!-- 正文内容 -->
    <div class="mainDiv">
        <div class="logo">LOGO</div>
        <!-- 右侧浮动按钮 -->
        <div class="btn_list">
          <div id="cur"></div>
          <div></div>
          <div></div>
          <div></div>
        </div>
    </div>
    <!-- 返回顶部 -->
    <div class="backtop">顶部</div>
</body>
</html>
```

代码讲解：

```
.backtop{
    position:fixed;
    right:40px;
    bottom:50px;
    width:50px;
    text-align: center;
    line-height: 50px;
    color:#333;
    background: #F5F5F5;
    border:1px solid #333;
    border-radius: 50%;
}
```

position:fixed：设置标签的定位方式为 fixed 定位。

right:40px：距浏览器窗口右边 40px。

bottom:50px：距浏览器窗口下边 50px。

上述代码的运行效果如图 2-10 所示。

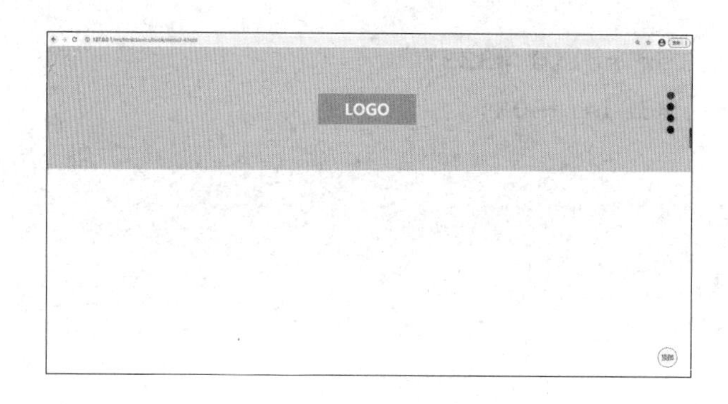

图 2-10　fixed 定位示例的运行效果

常用的标签定位样式如表 2-1 所示。

表 2-1　常用的标签定位样式

单　位	值	作　用
position	static | absolute | relative | fixed	设置标签的定位方式
left	auto | 长度	设置标签的左边距
right	auto | 长度	设置标签的右边距
top	auto | 长度	设置标签的上边距
bottom	auto | 长度	设置标签的下边距
z-index	auto | 长度	设置标签的层叠顺序

步骤 2：弹性布局

【知识链接】常见的网页布局

网页布局是指网页中标签的排列方式。下面介绍常见的网页布局。

- 正文型布局如图 2-11 所示。
- 左右框架型布局如图 2-12 所示。

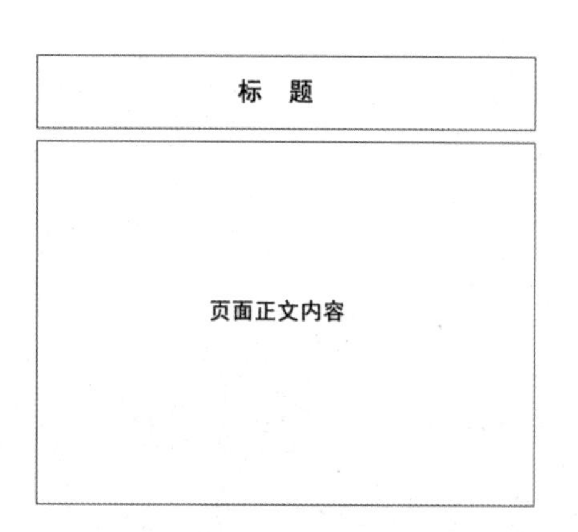

图 2-11　正文型布局

图 2-12　左右框架型布局

- T 字型布局如图 2-13 所示。
- 国字型布局如图 2-14 所示。

图 2-13　T 字型布局

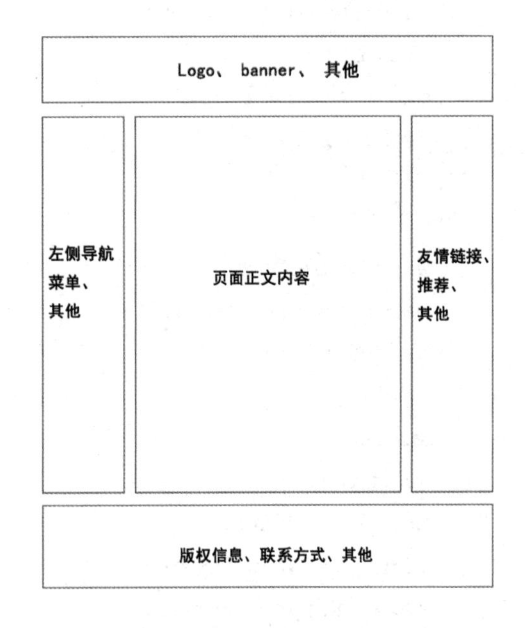

图 2-14　国字型布局

【知识链接】float 样式

float 样式主要用于设置标签的浮动方向。采用 float 样式的标签（简称浮动标签）周围的标签会根据具体情况重新排列。

如果一行的宽度不足以放置所有浮动标签，那么后面的浮动标签会跳转至下一行，这个过程会持续到将所有浮动标签放置完。

常用的 float 属性值如下。

- left：标签向左浮动。
- right：标签向右浮动。
- none：默认值。标签不浮动，并且会显示其在文本中出现的位置。
- inherit：从父标签继承 float 属性的值。

示例代码如下：

```
<!DOCTYPE html>
<html>
<head>
<title>网页布局属性功能</title>
<meta charset="utf-8" />
    <style type="text/css">
      .header{
```

```
      width:1000px;
      height:100px;
      line-height:100px;
      border:1px solid black;
      margin:0px auto;
      text-align:center;
    }
    .main{
      width:1000px;
      margin:20px auto;
      height:500px;
    }
    .menu{
      width:300px;
      height:500px;
      line-height:500px;
      text-align:center;
      border:1px solid blue;
      float:left;
    }
    .content{
      width:680px;
      height:500px;
      line-height:500px;
      text-align:center;
      border:1px solid green;
      float:right;
    }
    .footer{
      width:1000px;
      height:50px;
      line-height:50px;
      text-align:center;
      border:1px solid black;
      margin:0px auto;
    }
  </style>
</head>
<body>
  <div class="header">Logo、banner、其他</div>
  <div class="main">
    <div class="menu">左侧导航菜单、其他</div>
```

```
        <div class="content">页面正文内容</div>
    </div>
    <div class="footer">版权信息</div>
</body>
</html>
```

代码讲解：

1）标签向左浮动。

```
.menu{
    width:300px;
    height:500px;
    line-height:500px;
    text-align:center;
    border:1px solid blue;
    float:left;
}
```

float:left：设置标签向左浮动。

2）标签向右浮动。

```
.content{
    width:680px;
    height:500px;
    line-height:500px;
    text-align:center;
    border:1px solid green;
    float:right;
}
```

float:right：设置标签向右浮动。

上述代码的运行效果如图 2-15 所示。

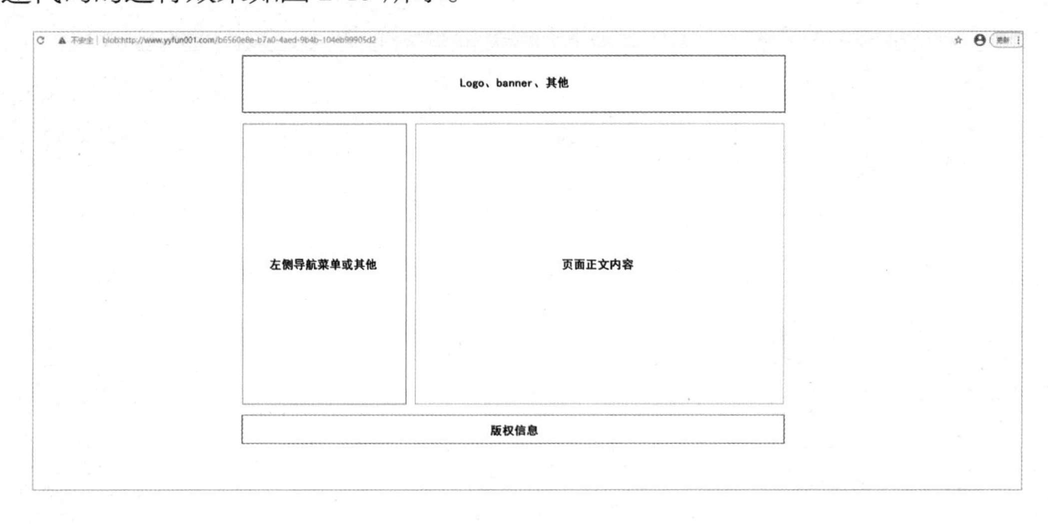

图 2-15　float 样式示例的运行效果

【知识链接】display 样式

display 样式主要用于设置标签的显示方式。

HTML 中的标签可以划分为两类，分别为块级标签和行内标签。

- 块级标签会从新的一行开始，标签占用了 100%宽度。常用的块级标签有<div>、<p>、<h>、<ul>、<ol>、<dl>和<table>。
- 行内标签只需要必要的宽度，即内容的宽度，不强制换行。常用的行内标签有<span>、<b>、<i>、<u>和<a>。

常用的 display 属性值如下。

- none：此标签不会被显示。
- block：此标签会显示为块级标签，此标签前后带有换行符。
- inline：默认值。此标签会显示为行内标签，此标签前后没有换行符。
- list-item：此标签会作为列表显示。
- table：此标签会作为块级表格显示（类似于<table>标签），表格前后带有换行符。
- inherit：从父标签继承 display 属性的值。

示例代码如下：

```
<!DOCTYPE html>
<html>
<head>
<title>CSS 区块</title>
<meta charset="utf-8" />
   <style type="text/css">
     .div1{
        width:900px;
        height:50px;
        line-height:50px;
        border:1px solid red;
        margin:0px auto;
        padding-left:50px;
     }
     .span1{
        display:block;
        width:900px;
        height:200px;
```

```
        border:1px solid blue;
        padding-left:50px;
        margin:0px auto;
      }
    </style>
</head>
<body>
    <div class="div1">导航菜单</div>
    <span class="span1">正文内容 1</span>
    <span>正文内容 2</span><span>正文内容 3</span><span>正文内容 4</span>
</body>
</html>
```

代码讲解：

```
.span1{
    display:block;
    width:900px;
    height:200px;
    border:1px solid blue;
    padding-left:50px;
    margin:0px auto;
}
```

display:block：将<span>标签转换为块级标签。

上述代码的运行效果如图 2-16 所示。

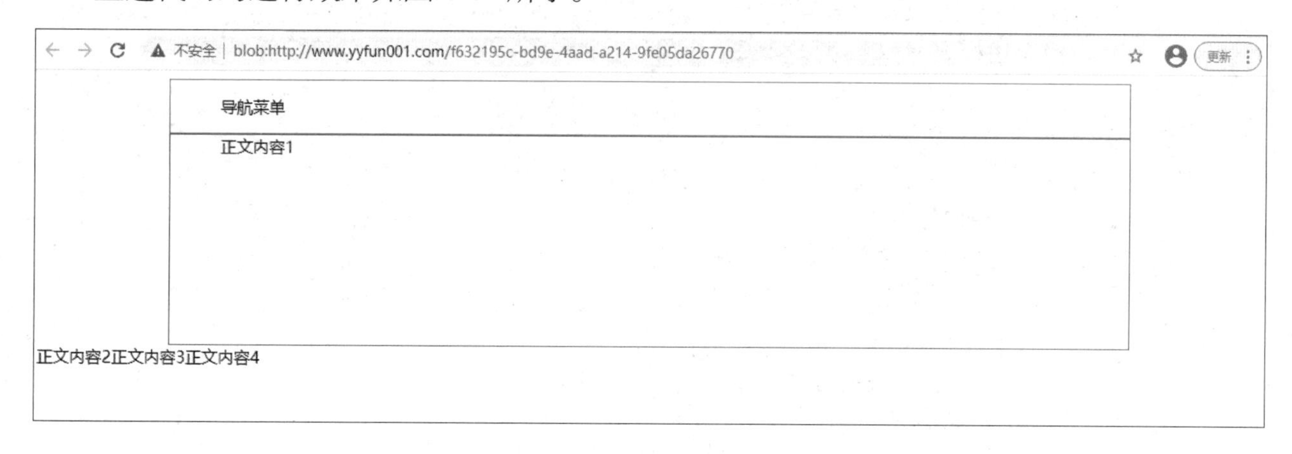

图 2-16 display 样式示例的运行效果

常用的布局样式如表 2-2 所示。

表 2-2　常用的布局样式

单　　位	值	作　　用
float	none | left | right	设置标签浮动方向
clear	none | left | right | both	清除标签左侧或右侧不允许浮动的标签
display	none | block | inline | list-item | inline-block…	设置标签的显示方式
overflow	visible | auto | hidden | scroll	设置在内容超出标签时的处理方式
overflow-x	visible | auto | hidden | scroll	设置在内容超出标签宽度时的处理方式
overflow-y	visible | auto | hidden | scroll	设置在内容超出标签高度时的处理方式
visibility	inherit | visible | hidden | collapse	设置标签是否可见

【知识链接】弹性布局

弹性盒子是 CSS3 的一种新的布局模式。当页面需要适应不同的屏幕大小及设备类型时，使用弹性盒子可以确保标签拥有恰当的布局方式。

弹性盒子由弹性容器和弹性子标签组成。将标签的 display 属性值设置为 flex 或 inline-flex，可以将其定义为弹性容器。弹性容器中包含一个或多个弹性子标签。

示例代码如下：

```
<!DOCTYPE html>
<html>
<head>
<title></title>
<meta charset="utf-8" />
     <style type="text/css">
         /* 公用样式 */
         html,body{
           margin:0px;
         }
         /* 正文内容 */
         .mainDiv{
           width:100%;
           height:320px;
           background:rgba(255,163,48,0.6);
           position:relative;
           top:0px;
         }
         .logo{
           width:260px;
           line-height:80px;
           background:rgba(255,93,67,0.6);
```

```
  text-align:center;
  font-weight:bold;
  font-size:40px;
  color:#fff;
  position:absolute;
  left:50%;
  top:50%;
  transform:translate(-50%,-50%);
}
/* 右侧的浮动按钮 */
.btn_list{
  position:absolute;
  right:50px;
  top:50%;
  transform:translatey(-50%);
}
.btn_list div{
  width:20px;
  height:20px;
  margin-top:10px;
  border-radius:50px;
  background-color:#3D3D3D;
  cursor:pointer;
}
#cur{
  background-color:#10508D;
}
/* 返回顶部 */
.backtop{
  position:fixed;
  right:40px;
  bottom:50px;
  width:50px;
  text-align: center;
  line-height: 50px;
  color:#333;
  background: #F5F5F5;
  border:1px solid #333;
  border-radius: 50%;
}
/* 导航菜单*/
.head{
  background-color:#000000;
```

```
            width:100%;
            display:flex;
            flex-direction:row;
            justify-content:center;
          }
          .head div{
            width:200px;
            line-height:50px;
            text-align:center;
            color:#FFFFFF;
          }
          /* 弹性布局*/
          .content{
            padding:50px 10%;
            width:80%;
            display:flex;
            flex-direction:row;
            flex-wrap:wrap;
            align-items:flex-start;
            justify-content:center;
          }
          .content div{
            width:30%;
            height: 180px;
            background: #f2f2f2;
            border:1px solid #888;
            margin:1%;
            border-radius: 5px;
          }
    </style>
</head>
<body>
    <!-- 正文内容 -->
    <div class="mainDiv">
        <div class="logo">LOGO</div>
        <!-- 右侧浮动按钮 -->
        <div class="btn_list">
          <div id="cur"></div>
          <div></div>
          <div></div>
          <div></div>
        </div>
    </div>
```

```
    <!-- 返回顶部 -->
    <div class="backtop">顶部</div>
    <!-- 菜单部分-弹性布局 -->
    <div class="head">
      <div>网站首页</div>
      <div>在线课堂</div>
      <div>付费课程</div>
      <div>全站搜索</div>
    </div>
    <!-- 正文内容-弹性布局 -->
    <div class="content">
        <div></div>
        <div></div>
        <div></div>
        <div></div>
        <div></div>
        <div></div>
        <div></div>
        <div></div>
        <div></div>
    </div>
</body>
</html>
```

代码讲解：

1）导航菜单。

```
.head{
    background-color:#000000;
    width:100%;
    display:flex;
    flex-direction:row;
    justify-content:center;
}
```

display:flex：设置标签的布局方式为弹性盒子。

flex-direction:row：设置子标签采用横向排列方式。

justify-content:center：设置子标签水平居中。

2）内容部分。

```
.content{
    padding:50px 10%;
    width:80%;
    display:flex;
    flex-direction:row;
```

```
    flex-wrap:wrap;
    align-items:flex-start;
    justify-content:center;
}
```

display:flex：设置标签的布局方式为弹性盒子。

flex-direction:row：设置子标签采用横向排列方式。

flex-wrap:wrap：设置子标签自动换行。

align-items:flex-start：设置子标签采用垂直对齐方式，并且位于容器的开头。

justify-content:center：设置子标签采用水平对齐方式，并且位于容器中央。

上述代码的运行效果如图 2-17 所示。

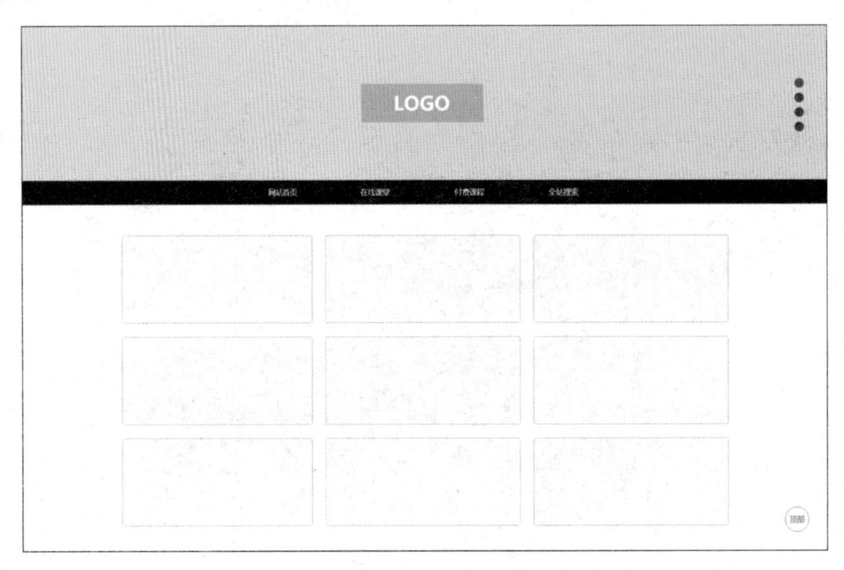

图 2-17　弹性布局示例的运行效果

弹性盒子中常用的属性如表 2-3 所示。

表 2-3　弹性盒子中常用的属性

属　性	描　述
display	指定 HTML 标签是否显示或如何显示
flex-direction	指定弹性容器中子标签的排列方式
justify-content	设置弹性容器中的子标签在主轴（横轴）方向上的对齐方式
align-items	设置弹性容器中的子标签在侧轴（纵轴）方向上的对齐方式
flex-wrap	设置在弹性容器中的子标签超出父容器时是否换行
align-content	设置同一列子标签在 *Y* 轴方向上的对齐方式
flex-flow	flex-direction 属性和 flex-wrap 的简写
order	设置弹性容器中子标签的排列顺序
align-self	在弹性容器中的子标签上使用。覆盖容器的 align-items 属性
flex	设置弹性容器中子标签分配空间的方式

步骤 3：响应式布局（@media 查询）

【知识链接】@media 查询

@media 查询主要用于针对不同的屏幕尺寸设置不同的样式，通常应用于需要进行响应式网页设计的页面。使用@media 查询可以检查许多事情，如视口的宽度和高度、设备的宽度和高度、方向（手机、平板电脑是处于横屏模式，还是处于竖屏模式）、分辨率。

使用@media 查询可以设置某些样式仅适用于打印的文档或屏幕阅读器。

除了媒体类型，还有媒体特性。媒体特性允许测试用户代理或显示设备的具体特性，可以为@media 查询提供更多特定细节，如将样式仅应用于大于或小于特定宽度的屏幕。

1. 设置 viewport

viewport 是浏览器（包括移动设备浏览器）中显示网页的区域。通过让当前 viewport 的宽度等于设备的宽度，可以更好地让网页适配或响应各种不同分辨率的移动设备。

在<head>标签中添加@media 查询的<meta>标签。

<meta>标签的语法格式如下：

```
<head>
   <meta name="viewport" content="width=device-width, initial-scale=1.0">
</head>
```

<meta>标签的常用属性如表 2-4 所示。

表 2-4　<meta>标签的常用属性

属　性	可 能 值	描　述
width	正整数或 device-width	设置移动设备页面的宽度
height	正整数或 device-height	设置移动设备页面的高度
initial-scale	0.0 ~ 10.0（不包含 0.0）	设置移动设备页面的初始缩放比率
maximum-scale	0.0 ~ 10.0（不包含 0.0）	设置移动设备页面的最大缩放比率
minimum-scale	0.0 ~ 10.0（不包含 0.0）	设置移动设备页面的最小缩放比率
user-scalable	yes 或 no	设置用户是否可以对页面进行缩放

2. 设置@media 查询

使用 CSS 设置@media 查询的语法格式如下：

```
<style>
   @media mediatype and|not|only (media feature) {
      CSS 代码;
   }
</style>
```

mediatype 是指媒体类型，其常用值如表 2-5 所示。

表 2-5　mediatype 的常用值

值	描　述
all	应用于所有设备
print	应用于打印机
screen	应用于电脑屏幕、平板电脑、智能手机等
speech	应用于屏幕阅读等发声设备

not、only 和 and 关键字的含义如下。

- not：主要用于排除某些特定的设备。
- only：主要用于指定某种特别的媒体类型。
- and：主要用于将媒体特性与媒体类型或其他媒体特性组合在一起。

not、only、and 都是可选的。但是，如果使用 not 或 only，那么必须指定媒体类型。

media feature 是指媒体特性，其常用值如表 2-6 所示。

表 2-6　media feature 的常用值

值	描　述
height	定义输出设备中页面可见区域的高度
max-height	定义输出设备中页面最大可见区域的高度
min-height	定义输出设备中页面最小可见区域的高度
width	定义输出设备中页面可见区域的宽度
max-width	定义输出设备中页面最大可见区域的宽度
min-width	定义输出设备中页面最小可见区域的宽度

示例代码如下：

```
<!DOCTYPE html>
<html>
<head>
<title></title>
<meta charset="utf-8" />
<meta name="viewport" content="width=device-width, initial-scale=1.0">
    <style type="text/css">
        /* 公用样式 */
        html,body{
          margin:0px;
        }
        /* 正文内容 */
        .mainDiv{
          width:100%;
          height:320px;
```

```
  background:rgba(255,163,48,0.6);
  position:relative;
  top:0px;
}
.logo{
  width:260px;
  line-height:80px;
  background:rgba(255,93,67,0.6);
  text-align:center;
  font-weight:bold;
  font-size:40px;
  color:#fff;
  position:absolute;
  left:50%;
  top:50%;
  transform:translate(-50%,-50%);
}
/* 右侧的浮动按钮 */
.btn_list{
  position:absolute;
  right:50px;
  top:50%;
  transform:translatey(-50%);
}
.btn_list div{
  width:20px;
  height:20px;
  margin-top:10px;
  border-radius:50px;
  background-color:#3D3D3D;
  cursor:pointer;
}
#cur{
  background-color:#10508D;
}
/* 返回顶部 */
.backtop{
  position:fixed;
  right:40px;
  bottom:50px;
  width:50px;
  text-align: center;
```

```
  line-height: 50px;
  color:#333;
  background: #F5F5F5;
  border:1px solid #333;
  border-radius: 50%;
}
/* 导航菜单*/
.head{
  background-color:#000000;
  width:100%;
  display:flex;
  flex-direction:row;
  justify-content:center;
}
.head div{
  width:200px;
  line-height:50px;
  text-align:center;
  color:#FFFFFF;
}
/* 弹性布局*/
.content{
  padding:50px 10%;
  width:80%;
  display:flex;
  flex-direction:row;
  flex-wrap:wrap;
  align-items:flex-start;
  justify-content:center;
}
.content div{
  width:30%;
  height: 180px;
  background: #f2f2f2;
  border:1px solid #888;
  margin:1%;
  border-radius: 5px;
}
@media screen and (max-width: 479px) {
  .mainDiv{
    height:160px;
  }
```

```
            /* 正文内容*/
            .content{
             background-color: lightgreen;
             padding:20px 0%;
             width:100%;
             justify-content:flex-start;
            }
            .content div{
             width:47%;
             height:126px;
             background: rgba(255,163,48,0.6);
            }
            .btn_list{
             position: absolute;
             top: 90%;
             left: 50%;
             transform: translatex(-50%);
             display: flex;
             justify-content: center;
             height:10px;
            }
           .btn_list div{
             width:10px;
             height:10px;
             margin:0 5px;
          }
      }
    </style>
</head>
<body>
    <!-- 正文内容 -->
    <div class="mainDiv">
        <div class="logo">LOGO</div>
        <!-- 右侧浮动按钮 -->
        <div class="btn_list">
          <div id="cur"></div>
          <div></div>
          <div></div>
          <div></div>
        </div>
    </div>
    <!-- 返回顶部 -->
```

```
    <div class="backtop">顶部</div>
    <!-- 菜单部分-弹性布局 -->
    <div class="head">
      <div>网站首页</div>
      <div>在线课堂</div>
      <div>付费课程</div>
      <div>全站搜索</div>
    </div>
    <!-- 正文内容-弹性布局 -->
    <div class="content">
        <div></div>
        <div></div>
        <div></div>
        <div></div>
        <div></div>
        <div></div>
        <div></div>
        <div></div>
        <div></div>
    </div>
</body>
</html>
```

代码讲解：

```
@media screen and (max-width: 479px) {
    .mainDiv{
      height:160px;
    }
    /* 正文内容*/
    .content{
      background-color: lightgreen;
      padding:20px 0%;
      width:100%;
      justify-content:flex-start;
    }
    .content div{
      width:47%;
      height:126px;
      background: rgba(255,163,48,0.6);
    }
    .btn_list{
      position: absolute;
```

```
        top: 90%;
        left: 50%;
        transform: translatex(-50%);
        display: flex;
        justify-content: center;
        height:10px;
    }
    .btn_list div{
        width:10px;
        height:10px;
        margin:0 5px;
    }
}
```

@media screen and (max-width: 479px)：设置当可视窗口的尺寸小于 479px 时显示的 CSS 样式。

上述代码的运行效果如图 2-18 所示。

图 2-18　@media 查询示例的运行效果

拓展练习

运用所学知识，完成以下拓展练习。

拓展 1：遮盖层和弹窗

遮盖层和弹窗的效果如图 2-19 所示。

图 2-19 遮盖层和弹窗的效果

要求：

1. 参照效果图完成练习。

2. 利用定位和弹性布局实现遮盖层和弹窗的效果。

3. 遮盖层的颜色为黑色，不透明度为 0.7，使用<h2>标签显示“中国对联”，内容左边背景颜色值为#00BCD4、文本颜色值为#67919C。

在线做题：

打开浏览器并输入指定地址，在线完成本道练习题。

实训链接：http://www.hxedu.com.cn/Resource/OS/AR/zz/zxy/202103636/6.html

实训码：86fb25d2

拓展 2：电子相册

电子相册的效果如图 2-20 所示。

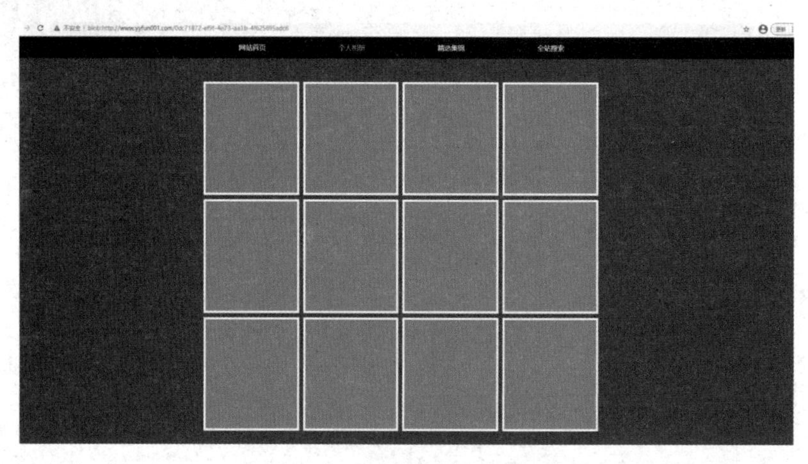

图 2-20 电子相册的效果

要求：

1. 参照效果图完成练习。

2. 导航菜单的背景颜色值为#000000，个人相册的文本颜色值为#ED8B55，内容的背景颜色值为#47374E，列表框的背景颜色值为#607D8B，边框为 5px 的白色实线。

在线做题：

打开浏览器并输入指定地址，在线完成本道练习题。

实训链接：http://www.hxedu.com.cn/Resource/OS/AR/zz/zxy/202103636/6.html

实训码：0d4fb92b

拓展 3：手机页面

手机页面的效果如图 2-21 所示。

要求：

1. 参照效果图完成练习。

2. 页面的背景颜色值为#F7F7F0，搜索栏的背景颜色值为#D81E06，底部导航栏的背景颜色值为#E8F0F2。

在线做题：

打开浏览器并输入指定地址，在线完成本道练习题。

实训链接：http://www.hxedu.com.cn/Resource/OS/AR/zz/zxy/202103636/6.html

实训码：5fc3e30b

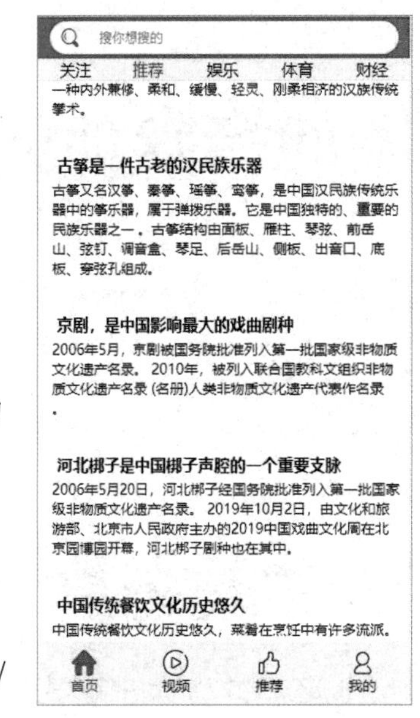

图 2-21　手机页面的效果

测验评价

评价标准：

采　分　点	教师评分（0～5 分）	自评（0～5 分）	互评（0～5 分）
1. 标签定位简介 2. static 定位 3. relative 定位 4. absolute 定位 5. transform（位置平移）属性 6. fixed 定位 7. 常见的网页布局 8. float 样式 9. display 样式 10. 弹性布局 11. 响应式布局（@media 查询）			

模块 3

添加多媒体元素

情景导入

添加多媒体元素是网站开发中的常用功能。多媒体元素中通常包含图片、超链接、列表、视频、应用表单等内容，下面使用<div>、<img>、<ul>、<li>和<video>等标签，以及CSS 定位、CSS 弹性布局制作多媒体的网页结构，如图 3-1 所示。

图 3-1　多媒体的网页结构

任务分析

通常使用 index.html 文件实现。可以使用<div>、<img>、<ul>、<li>和<video>等标签设置 CSS 的 absolute（绝对）定位、transform（位置平移）属性、relative（相对）定位、fixed

（绝对）定位、display:flex 弹性布局等样式，从而实现图 3-1 中的页面效果。

制作图 3-1 中的多媒体网页结构，在整体的实现上，可以划分为以下 6 个步骤。

（1）添加图片。

（2）添加背景图片。

（3）添加列表。

（4）添加超链接。

（5）添加视频。

（6）应用表单。

在本模块中还会介绍 HTML 表单的相关标签和样式。

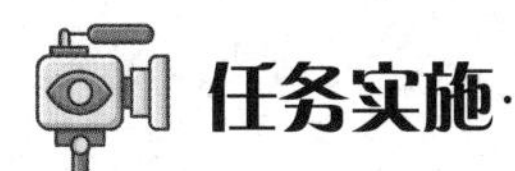

任务实施

步骤 1：添加图片

【知识链接】<img>标签

<img>标签主要用于在网页中添加图片。

<img>标签的语法格式如下：

```
<img src="图片的路径" />
```

示例代码如下：

```
<!DOCTYPE html>
<html>
<head>
<title></title>
<meta charset="utf-8" />
    <style type="text/css">
        /* 公用样式 */
        html,body{
            margin:0px;
            height: 100%;
            width: 100%;
        }
        /* 正文内容 */
        #page1{
            width:100%;
            height:100%;
```

```
        background:rgba(255,163,48,0.6);
        position:relative;
        top:0px;
        background-size: 100%;
        display:flex;
        flex-wrap: wrap ;
        align-items:center;
        justify-content:center;
    }
    #page1 .div1{
        width:70%;
        margin-top: 150px;
        text-align:center;
    }
    #page1_1{
        margin-left:auto;
        margin-right:auto;
    }
    #page1_2{
        margin-top:70px;
        margin-left:auto;
        margin-right:auto;
    }
    /* 右侧的浮动按钮 */
    .btnList{
        width:50px;
        height:150px;
        position:absolute;
        right:50px;
        top:50%;
        transform:translatey(-50%);
        z-index:999;
        display:flex;
        align-items:center;
        justify-content:center;
    }
    /* 导航菜单*/
    .head{
        width:100%;
        height:56px;
```

```
            background: #000;
            position:fixed;
            top:0px;
            left:0px;
            z-index:1;
            opacity:0.7;
        }
    </style>
</head>
<body>
    <!-- 正文内容 -->
    <div id="page1">
        <div class="div1">
          <div id="page1_1">
            <img src="res/htmlclassics/full/images/infinity.png">
          </div>
          <div id="page1_2">
            <img src="res/htmlclassics/full/images/page2_btn.png">
          </div>
        </div>
    </div>
    <!-- 右侧浮动按钮 -->
    <div class="btnList">
    </div>
    <!-- 菜单部分-弹性布局 -->
    <div class="head">
    </div>
</body>
</html>
```

代码讲解：

1）添加图片。

```
<img src="res/htmlclassics/full/images/infinity.png"/>
<img src="res/htmlclassics/full/images/page2_btn.png">
```

使用<img>标签在网页中添加图片。

2）src 属性。

src 属性主要用于设置所添加图片的路径。所添加图片的路径可以是绝对路径，也可以是相对路径。

上述代码的运行效果如图 3-2 所示。

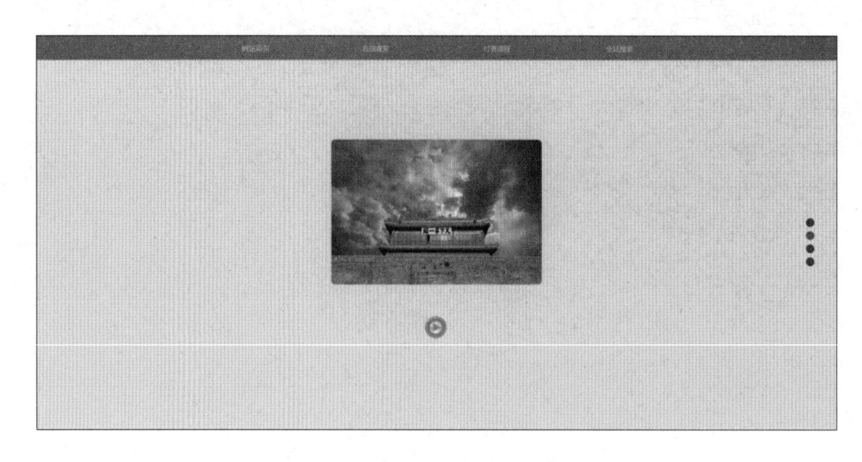

图 3-2　添加图片示例的运行效果

步骤 2：添加背景图片

【知识链接】背景图片

给标签添加背景图片的语法格式如下：

```
background-image:url("图片路径");
```

示例代码如下：

```
<!DOCTYPE html>
<html>
<head>
<title></title>
<meta charset="utf-8" />
    <style type="text/css">
        /* 公用样式 */
        html,body{
          margin:0px;
          height: 100%;
          width: 100%;
        }
        /* 正文内容 */
        #page1{
          width:100%;
          height:100%;
          background:rgba(255,163,48,0.6);
          position:relative;
          top:0px;
          background-size: 100%;
          display:flex;
          flex-wrap: wrap ;
```

```
    align-items:center;
    justify-content:center;
    background-image:url("res/htmlclassics/full/images/page2_bg.png");
    background-repeat:no-repeat;
    background-size:cover;
}
#page1 .div1{
    width:70%;
    margin-top: 150px;
    text-align:center;
}
#page1_1{
    margin-left:auto;
    margin-right:auto;
}
#page1_2{
    margin-top:70px;
    margin-left:auto;
    margin-right:auto;
}
/* 右侧的浮动按钮 */
.btnList{
    width:50px;
    height:150px;
    position:absolute;
    right:50px;
    top:50%;
    transform:translatey(-50%);
    z-index:999;
    display:flex;
    align-items:center;
    justify-content:center;
}
/* 导航菜单*/
.head{
    width:100%;
    height:56px;
    background: #000;
    position:fixed;
    top:0px;
    left:0px;
    z-index:1;
```

```
            opacity:0.7;
            background-image:url("res/htmlclassics/full/images/head_bg.png");
        }
    </style>
</head>
<body>
    <!-- 正文内容 -->
    <div id="page1">
        <div class="div1">
          <div id="page1_1">
            <img src="res/htmlclassics/full/images/infinity.png">
          </div>
          <div id="page1_2">
            <img src="res/htmlclassics/full/images/page2_btn.png">
          </div>
        </div>
    </div>
    <!-- 右侧浮动按钮 -->
    <div class="btnList">
    </div>
    <!-- 菜单部分-弹性布局 -->
    <div class="head"></div>
</body>
</html>
```

代码讲解：

```
#page1{
    width:100%;
    height:100%;
    background:rgba(255,163,48,0.6);
    position:relative;
    top:0px;
    background-size: 100%;
    display:flex;
    flex-wrap: wrap ;
    align-items:center;
    justify-content:center;
    background-image:url("res/htmlclassics/full/images/page2_bg.png");
    background-repeat:no-repeat;
    background-size:cover;
}
```

background-image: url("res/htmlclassics/full/images/page2_bg.png")：设置背景图片的路径。

background-repeat:no-repeat：设置背景图片的平铺样式为不重复。

background-size:cover：设置背景图片的大小为扩展图片，使其填满标签。

上述代码的运行效果如图 3-3 所示。

图 3-3　添加背景图片示例的运行效果

常用的背景图片属性如表 3-1 所示。

表 3-1　常用的背景图片属性

属　　性	值	作　　用
background-color	颜色值	设置背景颜色
background-image	图片路径	设置背景图片的路径
background-repeat	repeat | no-repeat | repeat-x | repeat-y	设置背景图片的平铺样式
background-position	长度	设置背景图片的位置
background-attachment	scroll | fixed	设置背景图片是否滚动
background-size	contain | cover | 100px 100px | 50% 100%	设置背景图片的大小

步骤 3：添加列表

【知识链接】无序列表

将<ul>标签与<li>标签一起使用，可以创建无序列表。

创建无序列表的语法格式如下：

```
<ul>
   <li></li>
</ul>
```

示例代码如下：

```
<!DOCTYPE html>
<html>
```

```
<head>
<meta charset="utf-8" />
</head>
<body>
  <ul style="line-height:30px;background:lightgreen;" type="">
    <li>2020 年，太极拳被列入联合国教科文组织人类非物质文化遗产代表作名录</li>
    <li>京剧是中国影响最大的戏曲剧种之一</li>
    <li>河北梆子是中国梆子声腔的一个重要支脉</li>
    <li>中国传统餐饮文化历史悠久</li>
    <li>黄梅戏被列入第一批国家级非物质文化遗产名录</li>
  </ul>
</body>
</html>
```

代码讲解：

```
<ul style="line-height:30px;background:lightgreen;" type="">
```

type 属性主要用于设置无序列表中项目符号的类型，相关说明如下。

type="none"：无样式。

type="disc"：实心圆（默认值）。

type="circle"：空心圆。

type="square"：实心方块。

上述代码的运行效果如图 3-4 所示。

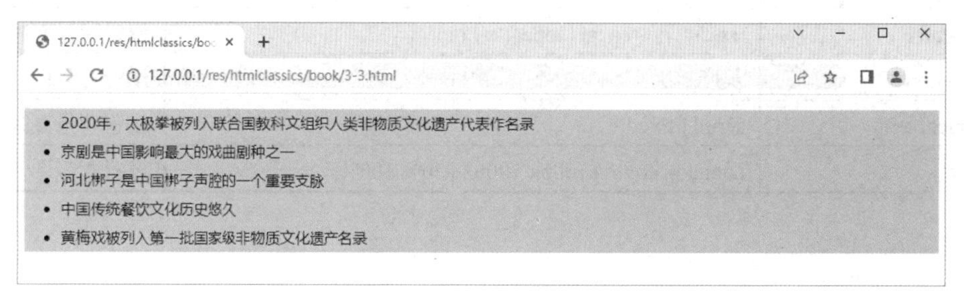

图 3-4　添加无序列表示例的运行效果

【知识链接】设置无序列表的样式

设置无序列表样式的语法格式如下：

```
ul{
    样式名:值;
}
li{
    样式名:值;
}
```

示例代码如下：

```
<!DOCTYPE html>
<html>
<head>
<title></title>
<meta charset="utf-8" />
    <style type="text/css">
        /* 公用样式 */
        html,body{
          margin:0px;
          height: 100%;
          width: 100%;
        }
        ul{
          margin:0px;
          padding:0px;
          list-style-type:none;
        }
        /* 正文内容 */
        #page1{
          width:100%;
          height:100%;
          background:rgba(255,163,48,0.6);
          position:relative;
          top:0px;
          display:flex;
          flex-wrap: wrap ;
          align-items:center;
          justify-content:center;
          background-image:url("res/htmlclassics/full/images/page2_bg.png");
          background-repeat:no-repeat;
          background-size:cover;
        }
        #page1 .div1{
          width:70%;
          margin-top: 150px;
          text-align:center;
        }
        #page1_1{
          margin-left:auto;
          margin-right:auto;
        }
```

```
#page1_2{
  margin-top:70px;
  margin-left:auto;
  margin-right:auto;
}
/* 右侧的浮动按钮 */
.btnList{
  width:50px;
  height:150px;
  position:absolute;
  right:50px;
  top:50%;
  transform:translatey(-50%);
  z-index:999;
  display:flex;
  align-items:center;
  justify-content:center;
}
.btnList ul li{
  width:20px;
  height:20px;
  margin-top:10px;
  border-radius:10px;
  background-color:#3D3D3D;
  cursor:pointer;
}
.btnList ul .cur{
  background-color:#10508D;
}
/* 导航菜单*/
.head{
  width:100%;
  height:56px;
  background: #000;
  position:fixed;
  top:0px;
  left:0px;
  z-index:1;
  opacity:0.7;
  background-image:url("res/htmlclassics/full/images/head_bg.png");
}
.head ul{
```

```
            width:100%;
            height:56px;
            display:flex;
            justify-content:center;
        }
        .head ul li{
            color:#fff;
            width:15%;
            line-height:56px;
            text-align:center;
        }
        .head ul li:hover{
            border-bottom:1px solid yellow;
            color:yellow;
            font-weight: 600;
            background: #000;
        }
        .head ul li:nth-of-type(1){
            background: yellow;
            color: #000;
        }
    </style>
</head>
<body>
    <!-- 正文内容 -->
    <div id="page1">
        <div class="div1">
          <div id="page1_1">
            <img src="res/htmlclassics/full/images/infinity.png">
          </div>
          <div id="page1_2">
            <img src="res/htmlclassics/full/images/page2_btn.png">
          </div>
        </div>
    </div>
    <!-- 右侧浮动按钮 -->
    <div class="btnList">
      <ul>
        <li id="_btn0" class="cur"></li>
        <li id="_btn1"></li>
        <li id="_btn2"></li>
        <li id="_btn3"></li>
```

```
        </ul>
    </div>
    <!-- 菜单部分-弹性布局 -->
    <div class="head">
      <ul>
        <li>网站首页</li>
        <li>在线课堂</li>
        <li>付费课程</li>
        <li>全站搜索</li>
      </ul>
    </div>
</body>
</html>
```

代码讲解：

1）清除无序列表的样式。

```
ul{
    margin:0px;
    padding:0px;
    list-style-type:none;
}
```

list-style-type:none：清除无序列表的样式。

2）将列表项设置为右侧浮动按钮样式。

```
.btnList ul li{
     width:20px;
     height:20px;
     margin-top:10px;
     border-radius:10px;
     background-color:#3D3D3D;
     cursor:pointer;
}
```

width:20px：设置右侧浮动按钮的宽度为 20px。

height:20px：设置右侧浮动按钮的高度为 20px。

margin-top:10px：设置右侧浮动按钮的上外边距为 10px。

border-radius:10px：设置右侧浮动按钮的圆角半径为 10px。

background-color:#3D3D3D：设置右侧浮动按钮的背景颜色值为#3D3D3D。

cursor:pointer：在将鼠标指针移动到右侧浮动按钮上时显示为小手。

3）菜单栏的样式。

```
.head ul{
   width:100%;
```

```
    height:56px;
    display:flex;
    justify-content:center;
}
```

width:100%：设置菜单栏的宽度为 100%。

height:56px：设置菜单栏的高度为 56px。

display:flex：设置菜单栏的布局方式为弹性布局。

justify-content:center：设置菜单栏在水平方向上居中对齐。

```
.head ul li{
    color:#fff;
    width:15%;
    line-height:56px;
    text-align:center;
}
```

color:#fff：设置菜单栏中各菜单项的颜色为白色。

width:15%：设置菜单栏中各菜单项的宽度为 15%。

line-height:56px：设置菜单栏中各菜单项的行高为 56px。

text-align:center：设置菜单栏中各菜单项的文本在水平方向上居中对齐。

```
.head ul li:hover{
    border-bottom:1px solid yellow;
    color:yellow;
    font-weight: 600;
    background: #000;
}
```

.head ul li:hover：在将鼠标指针移动到<li>标签（菜单项）上方时显示的样式。

border-bottom:1px solid yellow：在将鼠标指针移动到某个<li>标签（菜单项）上方时，设置该菜单项下边框的宽度为 1px，采用黄色实线。

color:yellow：在将鼠标指针移动到某个<li>标签（菜单项）上方时，设置该菜单项的文本颜色值为 yellow。

font-weight: 600：在将鼠标指针移动到某个<li>标签（菜单项）上方时，设置该菜单项文本的字体加粗值为 600。

background: #000：在将鼠标指针移动到某个<li>标签（菜单项）上方时，设置该菜单项的背景颜色值为#000。

```
.head ul li:nth-of-type(1){
    background: yellow;
    color: #000;
}
```

.head ul li:nth-of-type(1)：选择<ul>标签中的第 1 个<li>标签，即选择菜单栏中的第一个菜单项。

background: yellow：设置菜单栏中第一个菜单项的背景颜色值为 yellow。

color: #000：设置菜单栏中第一个菜单项的文本颜色值为#000。

上述代码的运行效果如图 3-5 所示。

图 3-5　设置无序列表样式示例的运行效果

步骤 4：添加超链接

【知识链接】定义超链接

HTML 使用<a>标签定义超链接。

超链接可以是一个字、一个词、一组词，也可以是一幅图像。单击超链接，可以跳转到新的文档或当前文档中的某个部分。在将鼠标指针移动到网页中的某个超链接上时，箭头会变成一只小手。在<a>标签中使用 href 属性设置超链接的地址。

定义超链接的语法格式如下：

```
<a href="访问地址">文字…内容</a>
```

示例代码如下：

```
<!DOCTYPE html>
<html>
<head>
    <meta charset="UTF-8" />
</head>
<body>
    <a href="https://www.hxedu.com.cn" target="_blank">华信教育资源网</a>
    <a href="https://www.hxedu.com.cn" target="_blank">华信教育资源网</a>
</body>
</html>
```

代码讲解：

1）href 属性。

href 属性主要用于设置超链接的目标 URL。目标 URL 可以是绝对路径，也可以是相对路径。

2）target 属性。

target 属性主要用于设置打开目标 URL 的方式。target 属性仅在 href 属性存在时使用，其值如下。

- _blank：在新窗口中打开被链接文档。
- _self：默认值。在相同的框架中打开被链接文档。
- _parent：在父框架集中打开被链接文档。
- _top：在整个窗口中打开被链接文档。
- framename：在指定的框架中打开被链接文档。

上述代码的运行效果如图 3-6 所示。

超链接页面

跳转后页面

图 3-6　定义超链接示例的运行效果

【知识链接】设置超链接样式

设置超链接样式的语法格式如下：

```
a{
  样式名:值;
}
```

示例代码如下：

```
<!DOCTYPE html>
<html>
<head>
<title></title>
<meta charset="utf-8" />
    <style type="text/css">
        /* 公用样式 */
        html,body{
            margin:0px;
            height: 100%;
```

```
    width: 100%;
}
ul{
    margin:0px;
    padding:0px;
    list-style-type:none;
}
a{
    color:#9a9a9a;
    text-decoration:none;
}
/* 正文内容 */
#page1{
    width:100%;
    height:100%;
    background:rgba(255,163,48,0.6);
    position:relative;
    top:0px;
    display:flex;
    flex-wrap: wrap ;
    align-items:center;
    justify-content:center;
    background-image:url("res/htmlclassics/full/images/page2_bg.png");
    background-repeat:no-repeat;
    background-size:cover;
}
#page1 .div1{
    width:70%;
    margin-top: 150px;
    text-align:center;
}
#page1_1{
    margin-left:auto;
    margin-right:auto;
}
#page1_2{
    margin-top:70px;
    margin-left:auto;
    margin-right:auto;
}
/* 右侧的浮动按钮 */
.btnList{
```

```
    width:50px;
    height:150px;
    position:absolute;
    right:50px;
    top:50%;
    transform:translatey(-50%);
    z-index:999;
    display:flex;
    align-items:center;
    justify-content:center;
}
.btnList ul li{
    width:20px;
    height:20px;
    margin-top:10px;
    border-radius:10px;
    background-color:#3D3D3D;
    cursor:pointer;
}
.btnList ul .cur{
    background-color:#10508D;
}
/* 导航菜单*/
.head{
    width:100%;
    height:56px;
    background: #000;
    position:fixed;
    top:0px;
    left:0px;
    z-index:1;
    opacity:0.7;
    background-image:url("res/htmlclassics/full/images/head_bg.png");
}
.head ul{
    width:100%;
    height:56px;
    display:flex;
    justify-content:center;
}
.head ul li{
    color:#fff;
    width:15%;
```

```
            line-height:56px;
            text-align:center;
        }
        .head ul li a{
            display: block;
        }
        .head ul li a:hover{
            border-bottom:1px solid yellow;
            color:yellow;
            font-weight: 600;
            background: #000;
        }
        .head ul li:nth-of-type(1) a{
            background: yellow;
            color: #000;
            box-sizing: border-box;
            height: 100%;
        }
    </style>
</head>
<body>
    <!-- 正文内容 -->
    <div id="page1">
        <div class="div1">
          <div id="page1_1">
            <img src="res/htmlclassics/full/images/infinity.png">
          </div>
          <div id="page1_2">
            <img src="res/htmlclassics/full/images/page2_btn.png">
          </div>
        </div>
    </div>
    <!-- 右侧浮动按钮 -->
    <div class="btnList">
      <ul>
        <li id="_btn0" class="cur"></li>
        <li id="_btn1"></li>
        <li id="_btn2"></li>
        <li id="_btn3"></li>
      </ul>
    </div>
    <!-- 菜单部分-弹性布局 -->
    <div class="head">
```

```
      <ul>
        <li><a href="#">网站首页</a></li>
        <li><a href="#">在线课堂</a></li>
        <li><a href="#">付费课程</a></li>
        <li><a href="#">全站搜索</a></li>
      </ul>
    </div>
</body>
</html>
```

代码讲解：

1）清除<a>标签的默认样式。

```
a{
    color:#9a9a9a;
    text-decoration:none;
}
```

color:#9a9a9a：设置超链接的文本颜色值为#9a9a9a。

text-decoration:none：清除超链接的下画线。

text-decoration 属性主要用于指定添加到超链接文本中的修饰，其值如下。

- none：默认值，定义标准的文本。
- underline：定义文本下的一条线。
- overline：定义文本上的一条线。
- line-through：定义穿过文本的一条线。
- blink：定义闪烁的文本。
- inherit：从父标签继承 text-decoration 属性的值。

2）菜单栏样式。

```
.head ul li a{
    display: block;
}
```

display: block：将<a>标签设置为块级标签。

```
.head ul li a:hover{
    border-bottom:1px solid yellow;
    color:yellow;
    font-weight: 600;
    background: #000;
}
```

border-bottom:1px solid yellow：在将鼠标指针移动到菜单项的超链接上时，设置该超链接下边框的宽度为 1px，采用黄色实线。

color:yellow：在将鼠标指针移动到菜单项的超链接上时，设置该超链接的文本颜色值为 yellow。

font-weight: 600：在将鼠标指针移动到菜单项的超链接上时，设置该超链接文本的字体加粗值为 600。

background: #000：在将鼠标指针移动到菜单项的超链接上时，设置该超链接的背景颜色值为#000。

```
.head ul li:nth-of-type(1) a{
    background: yellow;
    color: #000;
    opacity: 1;
    box-sizing: border-box;
    height: 100%;
}
```

.head ul li:nth-of-type(1) a：选择<ul>标签中第 1 个<li>标签中的<a>标签。

background: yellow：设置第一个菜单项超链接的背景颜色值为 yellow。

color: #000：设置第一个菜单项超链接的文本颜色值为#000。

box-sizing: border-box：设置第一个菜单项超链接的内边距和边框都在已设定的宽度和高度内进行绘制。

height: 100%：设置第一个菜单项超链接的高度值为 100%。

上述代码的运行效果如图 3-7 所示。

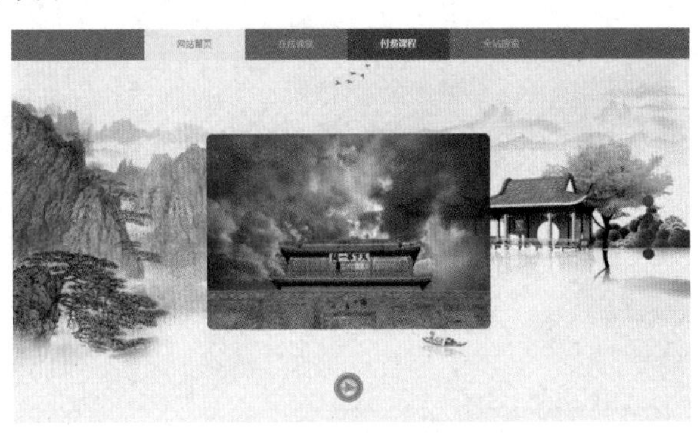

图 3-7　设置超链接样式示例的运行效果

步骤 5：添加视频

【知识链接】定义视频

HTML 使用<video>标签定义视频。

定义视频的语法格式如下：

```
<video src="视频路径"></video>
```

示例代码如下：

```
<!DOCTYPE html>
<html>
<head>
<title></title>
<meta charset="utf-8" />
  <style type="text/css">
    /* 公用样式 */
    html,body{
      margin:0px;
      height: 100%;
      width: 100%;
    }
    ul{
      margin:0px;
      padding:0px;
      list-style-type:none;
    }
    a{
      color:#9a9a9a;
      text-decoration:none;
    }
    /* 正文内容 */
    #page1{
      width:100%;
      height:100%;
      background:rgba(255,163,48,0.6);
      position:relative;
      top:0px;
      display:flex;
      flex-wrap: wrap ;
      align-items:center;
      justify-content:center;
      background-image:url("res/htmlclassics/full/images/page2_bg.png");
      background-repeat:no-repeat;
      background-size:cover;
    }
    #page1 .div1{
      width:70%;
      margin-top: 150px;
      text-align:center;
```

```
}
#page1_1{
  margin-left:auto;
  margin-right:auto;
}
#page1_2{
  margin-top:70px;
  margin-left:auto;
  margin-right:auto;
}
/*视频*/
#page1_3{
  width:100%;
  height:350px;
}
#page1_3 video{
  width:840px;
  display: block;
  margin: 20px auto 0;
}
/* 右侧的浮动按钮 */
.btnList{
  width:50px;
  height:150px;
  position:absolute;
  right:50px;
  top:50%;
  transform:translatey(-50%);
  z-index:999;
  display:flex;
  align-items:center;
  justify-content:center;
}
.btnList ul li{
  width:20px;
  height:20px;
  margin-top:10px;
  border-radius:10px;
  background-color:#3D3D3D;
  cursor:pointer;
}
.btnList ul .cur{
```

```
    background-color:#10508D;
  }
  /* 导航菜单*/
  .head{
    width:100%;
    height:56px;
    background: #000;
    position:fixed;
    top:0px;
    left:0px;
    z-index:1;
    opacity:0.7;
    background-image:url("res/htmlclassics/full/images/head_bg.png");
  }
  .head ul{
    width:100%;
    height:56px;
    display:flex;
    justify-content:center;
  }
  .head ul li{
    color:#fff;
    width:15%;
    line-height:56px;
    text-align:center;
  }
  .head ul li a{
    display: block;
  }
  .head ul li a:hover{
    border-bottom:1px solid yellow;
    color:yellow;
    font-weight: 600;
    background: #000;
  }
  .head ul li:nth-of-type(1) a{
    background: yellow;
    color: #000;
    opacity: 1;
    box-sizing: border-box;
    height: 100%;
  }
</style>
```

```
</head>
<body>
    <!-- 正文内容 -->
    <div id="page1">
        <div class="div1">
          <div id="page1_1">
            <img src="res/htmlclassics/full/images/infinity.png">
          </div>
          <div id="page1_2">
            <img src="res/htmlclassics/full/images/page2_btn.png">
          </div>
          <!-- 视频 -->
          <div id="page1_3">
            <video id="vo"
            src="res/htmlclassics/full/video/avenger.mp4" controls="controls"
            poster="res/htmlclassics/full/images/video_bg.png"></video>
          </div>
        </div>
    </div>
    <!-- 右侧浮动按钮 -->
    <div class="btnList">
      <ul>
        <li id="_btn0" class="cur"></li>
        <li id="_btn1"></li>
        <li id="_btn2"></li>
        <li id="_btn3"></li>
      </ul>
    </div>
    <!-- 菜单部分-弹性布局 -->
    <div class="head">
      <ul>
        <li><a href="#">网站首页</a></li>
        <li><a href="#">在线课堂</a></li>
        <li><a href="#">付费课程</a></li>
        <li><a href="#">全站搜索</a></li>
      </ul>
    </div>
</body>
</html>
```

代码讲解：

1）使用<video>标签定义视频。

```
<video id="vo"
```

```
    src="res/htmlclassics/full/video/avenger.mp4" controls="controls"
    poster="res/htmlclassics/full/images/video_bg.png"></video>
```

① src 属性。

src 属性主要用于设置要播放的视频的 URL。URL 有两种，分别为绝对 URL 和相对 URL。

- 绝对 URL：指向另一个站点。
- 相对 URL：指向网站内的文件。

② controls 属性。

controls 属性主要用于向用户显示控件，如播放按钮。

③ poster 属性。

poster 属性主要用于设置视频预览图。

2）设置<video>标签的样式。

```
#page1_3 video{
    width:840px;
    display: block;
    margin: 20px auto 0;
}
```

width:840px：设置<video>标签的宽度为 840px。

display:block：将<video>标签设置为块级标签。

margin:20px auto 0：设置<video>标签的上外边距为 20px，左、右外边距为自动，下外边距为 0。

上述代码的运行效果如图 3-8 所示。

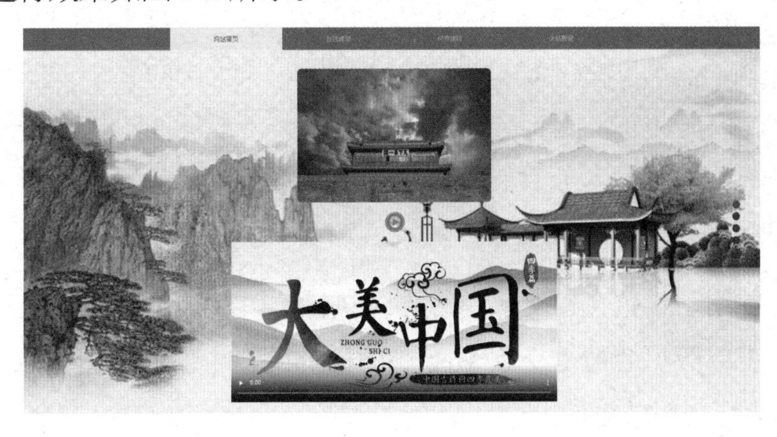

图 3-8　定义视频示例的运行效果

步骤 6：应用表单

表单（form）是指包含表单元素的区域。HTML 中的表单是网页中的常用组件，通常应用于用户登录页面、用户注册页面、评论页面等。

表单元素包括文本框、密码框、多行文本框、复选框、单选按钮、下拉列表、文件上传框及按钮。表单中的按钮包括提交按钮、重置按钮和一般按钮。

下面使用表单元素制作注册新会员网页结构，如图 3-9 所示。

图 3-9　注册新会员页面结构

使用<div>、<form>、<select>、<option>、<textarea>和<button>等标签设置 CSS 的 width、height 等属性，从而实现图 3-9 中的页面效果。

【知识链接】创建表单

HTML 使用<form>标签创建表单。

创建表单的语法格式如下：

```
<form action="" method="" name="">
  表单元素
</form>
```

1. action 属性

action 属性主要用于设置在提交表单数据时执行的跳转地址。通常使用提交按钮向服务器提交表单数据，表单数据会被提交到 Web 服务器的网页中。如果省略 action 属性，则会将 action 属性设置为跳转到当前页面。

2. method 属性

method 属性主要用于设置在提交表单数据时使用的 HTTP 方法（GET 或 POST）。

- GET：默认方法，如果表单提交是被动的（如搜索查询），并且没有敏感信息，则使用 GET 方法。如果使用 GET 方法，那么表单数据在页面地址栏中是可见的。将表单数据以键/值对的形式附加到 URL 中，如 action_page.php?name1=value1&name2=value2。

- POST：如果表单正在更新数据，或者包含敏感信息（如密码），则使用 POST 方法。如果使用 POST 方法，那么表单数据在页面地址栏中是不可见的。因此，使用 POST 方法的安全性更高。

3. name 属性

name 属性主要用于设置表单的名称。<form>标签的 name 属性提供了一种在脚本中引用表单的方法。如果要正确地提交表单数据，那么每个输入字段都必须设置一个 name 属性。

示例代码如下：

```
<!DOCTYPE html>
<html>
  <head>
    <title>注册新会员</title>
    <meta charset="utf-8" />
    <style type="text/css">
      body{
        font-size:13px;
      }
      form{
        width:900px;
        margin:0px auto;
      }
      .mainDiv{
        border:2px solid #C8DCDB;
        width:100%;
        border-top-left-radius:20px;
        border-top-right-radius:20px;
        overflow:hidden;
      }
      .title{
        background-color:#94BFE2;
        border-bottom:1px solid #C8DCDB;
        height:50px;
        line-height:50px;
        font-weight:bold;
        padding-left:10px;
        font-size:15px;
      }
      .line{
        width:700px;
        height:30px;
        line-height:30px;
```

```
        font-weight:bold;
        margin:0px auto;
        margin-top:30px;
        border-bottom:1px solid #C8DCDB;
      }
    </style>
  </head>
  <body>
    <form name="frm" method="get" action="http://www.hxedu.com.cn">
      <div class="mainDiv">
        <!--表单的title-->
        <div class="title">注册新会员</div>
        <!--基本信息-->
        <div class="line">基本信息（必填）</div>
        <!--其他信息-->
        <div class="line">其他信息（选填）</div>
      </div>
    </form>
  </body>
</html>
```

代码讲解：

1）<form>标签的使用方法。

```
<form name="frm" method="get" action="http://www.hxedu.com.cn"></form>
```

name="frm"：设置表单名称为 frm。

method="get"：设置表单提交方法为 GET。

action="http://www.hxedu.com.cn"：提交 Web 服务器中的网页 http://www.hxedu.com.cn。

2）设置<form>标签的样式。

```
form{
    width:900px;
    margin:0px auto;
}
```

width:900px：设置表单的宽度为 900px。

margin:0px auto：设置表单的上、下外边距为 0px，左、右外边距为自动，实际效果为居中显示。

上述代码的运行效果如图 3-10 所示。

图 3-10　使用<form>标签创建表单示例的运行效果

【知识链接】表单元素

1. <input>标签

1）输入类型：text。

如果将<input>标签的输入类型设置为 text，也就是将<input>标签的 type 属性值设置为"text"，则会创建一个文本框，用于输入单行文本，其默认宽度为 20 个字符。

将<input>标签的输入类型设置为 text 的语法格式如下：

```
<input type="text" value="" />
```

示例代码如下：

```
<!DOCTYPE html>
<html>
<head>
   <meta charset="UTF-8" />
</head>
<body>
   姓名：<input type="text" value="小李" name="xingming"/>
</body>
</html>
```

代码讲解：

```
<input type="text" value="小李" name="xingming" />
```

创建一个文本框，用于输入单行文本，设置该文本框的名称为“xingming”，默认值为"小李"。

- type 属性主要用于设置<input>标签的输入类型。
- value 属性主要用于设置<input>标签中的默认值。
- name 属性主要用于设置<input>标签的名称，从而对提交到服务器中的表单数据进行标识。

上述代码的运行效果如图 3-11 所示。

图 3-11　设置<input>标签的输入类型为 text 示例的运行效果

2）输入类型：password。

如果将<input>标签的输入类型设置为 password，也就是将<input>标签的 type 属性值设置为"password"，则会创建一个文本框，用于输入密码，密码字符为掩码字符。

将<input>标签的输入类型设置为 password 的语法格式如下：

```
<input type="password" name="mima" />
```

示例代码如下：

```
<!DOCTYPE html>
<html>
<head>
    <meta charset="UTF-8" />
</head>
<body>
    密码：<input type="password" value="123456" name="mima" />
</body>
</html>
```

代码讲解：

```
<input type="password" value="123456" name="mima" />
```

创建一个文本框，用于输入密码，密码字符为掩码字符，设置该文本框的名称为“mima”，默认值为"123456"。

- type 属性主要用于设置<input>标签的输入类型。
- value 属性主要用于设置<input>标签中的默认值。
- name 属性主要用于设置<input>标签的名称，从而对提交到服务器中的表单数据进行标识。

上述代码的运行效果如图 3-12 所示。

图 3-12 设置<input>标签的输入类型为 password 示例的运行效果

3）输入类型：radio。

如果将<input>标签的输入类型设置为 radio，也就是将<input>标签的 type 属性值设置为"radio"，则会创建一个单选按钮。用户可以选择指定数目的单选按钮中的其中一个单选按钮。

将<input>标签的输入类型设置为 radio 的语法格式如下：

```
<input type="radio" name="sex" value="男" />男
<input type="radio" name="sex" value="女" />女
```

注意：单选按钮必须有 name 属性，并且同一组单选按钮的 name 属性值必须保持一致。

示例代码如下：

```
<!DOCTYPE html>
<html>
<head>
```

```
    <meta charset="UTF-8" />
</head>
<body>
    性 别：
    <input type="radio" name="sex" checked="checked" />男
    <input type="radio" name="sex" />女</body>
</html>
```

代码讲解：

```
<input type="radio" name="sex" checked="checked" />男
<input type="radio" name="sex" />女</body>
```

创建两个单选按钮，设置这两个单选按钮的名称均为“sex”，其中一个单选按钮显示“男”，另一个单选按钮显示“女”，默认选中显示“男”的选择按钮。

- name 属性主要用于设置<input>标签的名称，从而对提交到服务器中的表单数据进行标识。
- checked 属性主要用于在首次加载时，设置当前单选按钮默认被选中。

上述代码的运行效果如图 3-13 所示。

图 3-13　设置<input>标签的输入类型为 radio 示例的运行效果

4）输入类型：checkbox。

如果将<input>标签的输入类型设置为 checkbox，也就是将<input>标签的 type 属性值设置为"checkbox"，则会创建一个复选框。用户可以在指定数目的复选框中选取其中一个或多个复选框。

将<input>标签的输入类型设置为 checkbox 的语法格式如下：

```
<input type="checkbox" name="" />
```

注意：复选框必须有 name 属性，并且同一组复选框的 name 属性值必须保持一致。

示例代码如下：

```
<!DOCTYPE html>
<html>
<head>
    <meta charset="UTF-8" />
</head>
<body>
    爱好：
    <input type="checkbox" name="hobby" checked="checked" />足球
```

```
    <input type="checkbox" name="hobby" />篮球
    <input type="checkbox" name="hobby" />羽毛球
    <input type="checkbox" name="hobby" checked="checked" />乒乓球
</html>
```

代码讲解：

```
<input type="checkbox" name="hobby" checked="checked" />足球
<input type="checkbox" name="hobby" />篮球
<input type="checkbox" name="hobby" />羽毛球
<input type="checkbox" name="hobby" checked="checked" />乒乓球
```

创建 4 个复选框，设置这 4 个复选框的名称均为“hobby”，并且这 4 个复选框分别显示“足球”、“篮球”、“羽毛球”和“乒乓球”，默认勾选显示“足球”的复选框。

- name 属性主要用于设置<input>标签的名称，从而对提交到服务器中的表单数据进行标识。
- checked 属性主要用于在首次加载时，设置当前复选框默认被勾选。

上述代码的运行效果如图 3-14 所示。

图 3-14　设置<input>标签的输入类型为 checkbox 示例的运行效果

5）输入类型：button。

如果将<input>标签的输入类型设置为 button，也就是将<input>标签的 type 属性值设置为"button"，则会创建一个可单击的按钮，但没有任何行为。

将<input>标签的输入类型设置为 button 的语法格式如下：

```
<input type="button" />
```

示例代码如下：

```
<!DOCTYPE html>
<html>
<head>
    <meta charset="UTF-8" />
</head>
<body>
    单击按钮：
    <input type="button" value="按钮" />
</html>
```

代码讲解：

```
<input type="button" value="按钮" />
```

创建一个按钮，并且在该按钮上显示“按钮”。

value 属性主要用于设置<input>标签的默认值。

上述代码的运行效果如图 3-15 所示。

图 3-15　设置<input>标签的输入类型为 button 示例的运行效果

6）输入类型：reset。

如果将<input>标签的输入类型设置为 reset，也就是将<input>标签的 type 属性值设置为 "reset"，则会创建一个重置按钮。单击重置按钮，可以将表单中的所有值重置为默认值。

将<input>标签的输入类型设置为 reset 的语法格式如下：

```
<input type="reset" />
```

示例代码如下：

```
<!DOCTYPE html>
<html>
<head>
    <meta charset="UTF-8" />
</head>
<body>
    <form action="" method="get">
        姓名：<input type="text" value="小李" /><br />
        单击按钮：<input type="reset" />
    </form>
</html>
```

代码讲解：

```
<input type="reset" />
```

创建一个重置按钮。

单击重置按钮，可以清除表单中的所有数据。重置按钮需要配合表单使用，如果没有表单，那么重置按钮不起作用。

上述代码的运行效果如图 3-16 所示。

图 3-16　设置<input>标签的输入类型为 reset 示例的运行效果

7）输入类型：submit。

如果将<input>标签的输入类型设置为 submit，也就是将<input>标签的 type 属性值设置为 "submit"，则会创建一个“提交”按钮，用于向服务器发送表单数据，表单数据会被发送到表单的 action 属性指定的页面中。

将<input>标签的输入类型设置为 submit 的语法格式如下：

```
<input type="submit" />
```

示例代码如下：

```
<!DOCTYPE html>
<html>
<head>
    <meta charset="UTF-8" />
</head>
<body>
    <form action="" method="get">
        姓名：<input type="text" value="小李" /><br />
        单击按钮：<input type="submit" />
    </form>
</html>
```

代码讲解：

```
<input type="submit" />
```

创建一个提交按钮。

提交按钮需要配合表单使用。

上述代码的运行效果如图 3-17 所示。

图 3-17　设置<input>标签的输入类型为 submit 示例的运行效果

8）输入类型：file。

如果将<input>标签的输入类型设置为 file，也就是将<input>标签的 type 属性值设置为 "file"，则会创建一个“选择文件”按钮，用于选择并上传文件。

将<input>标签的输入类型设置为 file 的语法格式如下：

```
<input type="file" />
```

示例代码如下：

```
<!DOCTYPE html>
<html>
<head>
    <meta charset="UTF-8" />
</head>
<body>
    头像：<input type="file" name="shangchuan" />
```

```
</html>
```

代码讲解：

```
<input type="file" name="shangchuan" />
```

创建一个“选择文件”按钮，用于选择并上传文件。

name 属性主要用于设置<input>标签的名称，从而对提交到服务器中的表单数据进行标识。

上述代码的运行效果如图 3-18 所示。

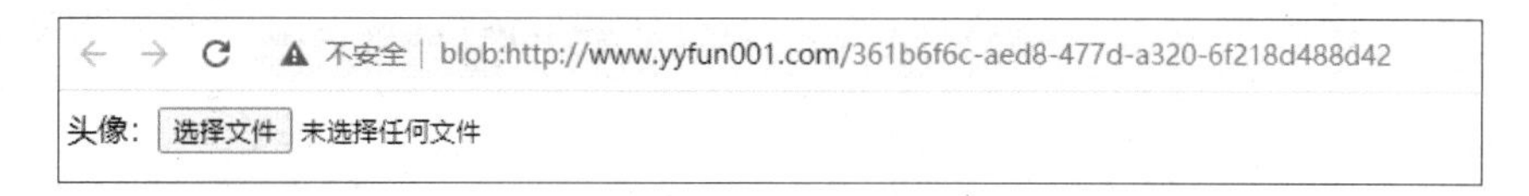

图 3-18　设置<input>标签的输入类型为 file 示例的运行效果

2. <select>标签

<select>标签主要用于创建下拉列表。<select>标签中的<option>标签主要用于定义下拉列表中的选项。

使用<select>标签创建下拉列表的语法格式如下：

```
<select>
  <option></option>
</select>
```

示例代码如下：

```
<!DOCTYPE html>
<html>
<head>
   <meta charset="UTF-8" />
</head>
<body>
   年龄：
   <select name="age">
       <option value="18">18</option>
       <option value="19">19</option>
       <option value="20" selected="selected">20</option>
       <option value="21">21</option>
       <option value="22">22</option>
       <option value="23">23</option>
   </select>
</html>
```

代码讲解：

```
<select name="age">
```

```
        <option value="18">18</option>
        <option value="19">19</option>
        <option value="20" selected="selected">20</option>
        <option value="21">21</option>
        <option value="22">22</option>
        <option value="23">23</option>
</select>
```

使用<select>标签创建一个下拉列表，使用<option>标签创建下拉列表中的选项。

- name 属性主要用于设置<select>标签的名称，从而对提交到服务器中的表单数据进行标识。
- selected 属性主要用于设置默认选中的选项。

上述代码的运行效果如图 3-19 所示。

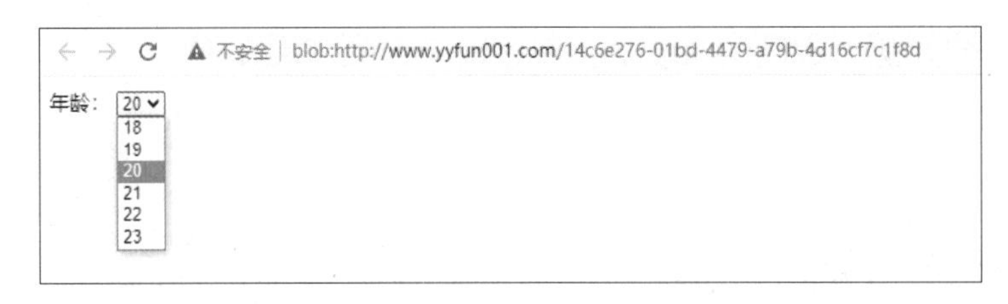

图 3-19 <select>标签示例的运行效果

3. <button>标签

<button>标签主要用于创建按钮。<button>标签内部可以放置内容，如文本或图像。这是使用<button>标签创建的按钮与使用<input>标签创建的按钮之间的不同之处。

使用<button>标签创建按钮的语法格式如下：

```
<button name="btn" type="button">按钮</button>
```

示例代码如下：

```
<!DOCTYPE html>
<html>
<head>
    <meta charset="UTF-8" />
</head>
<body>
    <button name="btn" type="button">确定</button>
    <button name="btn" type="button">取消</button>
</html>
```

代码讲解：

```
    <button name="btn" type="button">确定</button>
    <button name="btn" type="button">取消</button>
```

使用<button>标签创建两个按钮，其中一个按钮显示“确定”，另一个按钮显示“取消”。

- name 属性主要用于设置按钮的名称。
- type 属性主要用于设置按钮的类型，值为 button、reset、submit。

上述代码的运行效果如图 3-20 所示。

图 3-20　<button>标签示例的运行效果

4. <textarea>标签

<textarea>标签主要用于创建文本域（多行文本框）。

文本域中可容纳无限数量的文本，文本的默认字体是等宽字体。可以使用 cols 和 rows 属性设置<textarea>标签的尺寸，但使用 CSS 设置<textarea>标签的样式更合适。

使用<textarea>标签创建文本域的语法格式如下：

```
<textarea rows="" cols="" ></textarea>
```

示例代码如下：

```
<!DOCTYPE html>
<html>
<head>
   <meta charset="UTF-8" />
</head>
<body>
   <textarea cols="40" rows="10">这是 textarea</textarea>
</html>
```

代码讲解：

```
   <textarea cols="40" rows="10">这是 textarea</textarea>
```

使用<textarea>标签创建一个宽度为 40 个字符，高度为 10 行的文本域。

- cols 属性主要用于设置文本域中文本的宽度，宽度单位为英文字符。
- rows 属性主要用于设置文本域中文本的高度，高度单位为行。

上述代码的运行效果如图 3-21 所示。

图 3-21　<textarea>标签示例的运行效果

【知识链接】表单元素样式

示例代码如下：

```
<!DOCTYPE html>
<html>
  <head>
    <title>注册新会员</title>
    <meta charset="utf-8" />
    <style type="text/css">
      body{
        font-size:13px;
      }
      form{
        width:900px;
        margin:0px auto;
      }
      .mainDiv{
        border:2px solid #C8DCDB;
        width:100%;
        border-top-left-radius:20px;
        border-top-right-radius:20px;
        overflow:hidden;
      }
      .title{
        background-color:#94BFE2;
        border-bottom:1px solid #C8DCDB;
        height:50px;
        line-height:50px;
        font-weight:bold;
        padding-left:10px;
        font-size:15px;
      }
      .line{
        width:700px;
        height:30px;
        line-height:30px;
        font-weight:bold;
        margin:0px auto;
        margin-top:30px;
        border-bottom:1px solid #C8DCDB;
```

```
}
.item{
  width:700px;
  display:flex;
  margin:10px auto;
}
.item div:nth-of-type(1){
  width:100px;
  text-align:right;
}
.item div:nth-of-type(2){
  width:600px;
}
.txt1{
  width:400px;
  border:1px solid #94BFE2;
  border-radius: 5px;
}
.txt2{
  width:500px;
  height:100px;
  border:1px solid #94BFE2;
  border-radius: 5px;
}
.selc, .selc option{
  width:100px;
  background: #03a9f4;
  border:none;
  color:#fff;
  border-radius: 5px;
}
.btn{
  width:160px;
  height:40px;
  margin-left: 10%;
  line-height: 40px;
  color:#fff;
  background: #03A9F4;
  border:none;
  font-size: 16px;
  border-radius: 5px;
  box-shadow: 2px 2px 5px #888;
```

```
    }
  </style>
</head>
<body>
  <form name="frm" method="get" action="http://www.hxedu.com.cn">
  <div class="mainDiv">
    <!--表单的 title-->
    <div class="title">注册新会员</div>
    <!--基本信息-->
    <div class="line">基本信息（必填）</div>
    <div class="item">
      <div>会员名称：</div>
      <div><input type="text" name="userName" class="txt1" /></div>
    </div>
    <div class="item">
      <div>密码：</div>
      <div><input type="password" name="password" class="txt1" /></div>
    </div>
    <div class="item">
      <div>确认密码：</div>
      <div><input type="password" name="checkpwd" class="txt1" /></div>
    </div>
    <div class="item">
      <div>性别：</div>
      <div>
        <input type="radio" name="sex" value="男" checked/>先生
        <input type="radio" name="sex" value="女" />女士
      </div>
    </div>
    <div class="item">
      <div>会员类型：</div>
      <div>
        <select name="userType" class="selc">
          <option value="1">普通会员</option>
          <option value="2" selected>VIP 会员</option>
          <option value="3">白金会员</option>
        </select>
      </div>
    </div>
    <div class="item">
      <div>联系电话：</div>
      <div><input type="text" name="tel" class="txt1" /></div>
```

```
      </div>
      <div class="item">
        <div>邮件地址：</div>
        <div><input type="text" name="mailBox" class="txt1" /></div>
      </div>
      <!--其他信息-->
      <div class="line">其他信息（选填）</div>
      <div class="item">
        <div>头像：</div>
        <div><input type="file" name="photo" /></div>
      </div>
      <div class="item">
        <div>爱好：</div>
        <div>
          <input type="checkbox" name="like" value="1" checked/>旅行
          <input type="checkbox" name="like" value="2" />唱歌
          <input type="checkbox" name="like" value="3" checked/>游戏
          <input type="checkbox" name="like" value="4" />乐器
          <input type="checkbox" name="like" value="5" />表演
        </div>
      </div>
      <div class="item">
        <div>个人简介：</div>
        <div><textarea name="remark" class="txt2"></textarea></div>
      </div>
      <!--提交按钮-->
      <div class="item">
        <div></div>
        <div>
          <input type="submit" value="我要注册" class="btn" />
          <input type="reset" value="重新输入" class="btn" />
        </div>
      </div>
    </div>
    </form>
  </body>
</html>
```

代码讲解：

1）class 属性值为"txt1"的<input>标签样式。

```
.txt1{
    width:400px;
```

```
    border:1px solid #94BFE2;
    border-radius: 5px;
}
```

width:400px：设置文本框的宽度为 400px。

border:1px solid #94BFE2：设置文本框的边框宽度为 1px，并且采用颜色值为#94BFE2 的实线。

border-radius: 5px：设置文本框的圆角半径为 5px。

2）<textarea>标签的样式。

```
.txt2{
width:500px;
height:100px;
border:1px solid #94BFE2;
border-radius: 5px;
}
```

width:500px：设置文本域的宽度为 500px。

height:100px：设置文本域高度为 100px。

border:1px solid #94BFE2：设置文本域的边框宽度为 1px，并且采用颜色值为#94BFE2 的实线。

border-radius: 5px：设置文本域的圆角半径为 5px。

3）<select><option>标签的样式。

```
.selc, .selc option{
    width:100px;
    background: #03a9f4;
    border:none;
    color:#fff;
    border-radius: 5px;
}
```

width:100px：设置下拉列表的宽度为 100px。

background: #03a9f4：设置下拉列表的背景颜色值为#03a9f4。

border: none：清除边框。

border-radius: 5px：设置下拉列表的圆角半径为 5px。

4）class 属性值为"btn"的<input>标签样式。

```
.btn{
    width:160px;
    height:40px;
```

```
    margin-left: 10%;
    line-height: 40px;
    color:#fff;
    background: #03A9F4;
    border:none;
    font-size: 16px;
    border-radius: 5px;
    box-shadow: 2px 2px 5px #888;
}
```

width:160px：设置按钮的宽度为 160px。

height:40px：设置按钮的高度为 40px。

margin-left: 10%：设置按钮的左外边距为 10%。

line-height: 40px：设置按钮的行高为 40px。

color:#fff：设置按钮的文本颜色值为#fff。

background: #03A9F4：设置按钮的背景颜色值为#03A9F4。

border:none：清除边框。

font-size: 16px：设置按钮的文本字号为 16px。

border-radius: 5px：设置按钮的圆角半径为 5px。

box-shadow: 2px 2px 5px #888：设置按钮水平阴影的位置为 2px、垂直阴影的位置为 2px、模糊距离为 5px、投影颜色值为#888。

上述代码的运行效果如图 3-22 所示。

图 3-22　表单元素样式示例的运行效果

拓展练习

运用所学知识，完成以下拓展练习。

拓展 1：简单轮播图样式

简单轮播图样式的效果如图 3-23 所示。

图 3-23 简单轮播图样式的效果

要求：

1. 参照效果图完成练习。
2. 设置<body>标签的背景颜色值为#494A5F。
3. 在图片上添加文字“讲述了用 HTML5+CSS3 构建网站的必备知识”。

在线做题：

打开浏览器并输入指定地址，在线完成本道练习题。

实训链接：http://www.hxedu.com.cn/Resource/OS/AR/zz/zxy/202103636/6.html

实训码：5f0fd684

拓展 2：友情链接

友情链接的效果如图 3-24 所示。

图 3-24 友情链接的效果

要求：

1. 参照效果图完成练习。
2. 在将鼠标指针移动到文字上时，设置文本的颜色值为#ff0000。
3. 在将鼠标指针移动到图片上时，设置图片的不透明度为 0.7。

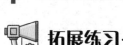

在线做题：

打开浏览器并输入指定地址，在线完成本道练习题。

实训链接：http://www.hxedu.com.cn/Resource/OS/AR/zz/zxy/202103636/6.html

实训码：2c6eb69e

拓展 3：排行榜

排行榜的效果如图 3-25 所示。

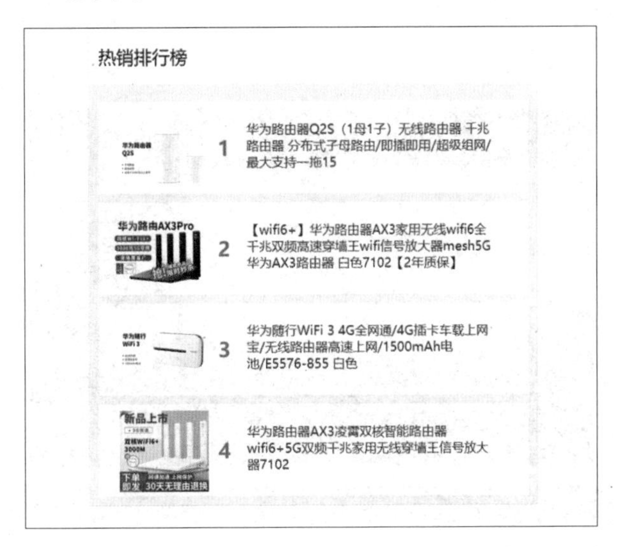

图 3-25　排行榜的效果

要求：

1. 参照效果图完成练习。
2. 边框颜色值为#FFDAB9。
3. 背景颜色值为#f0f3ef。
4. 数字 1～4 的颜色值为#e74240。

在线做题：

打开浏览器并输入指定地址，在线完成本道练习题。

实训链接：http://www.hxedu.com.cn/Resource/OS/AR/zz/zxy/202103636/6.html

实训码：76d0896e

拓展 4：视频播放网站

视频播放网站的效果如图 3-26 所示。

要求：

1. 参照效果图完成练习。
2. 整体宽度为 1000px、背景颜色值为#EBEBEB。

3. 导航菜单的背景颜色值为#F0F3EF，在将鼠标指针移动到超链接上时，设置超链接文本的颜色值为#00BE06。

4. 页面中间内容的宽度为 900px、背景颜色值为#2F2F2F、边框颜色值为#282828、文本颜色值为#CCCCCC。

5. 页面底部版权信息（页面脚）的背景颜色值为#24262A、文本颜色值为#CCCCCC。

6. 视频必须显示控制按钮，并且带有预览图片，视频文件地址为 res/htmlLX/7-shipin.mp4，视频预览图片地址为 res/htmlLX/7-img.png。

图 3-26 视频播放网站的效果

在线做题：

打开浏览器并输入指定地址，在线完成本道练习题。

实训链接：http://www.hxedu.com.cn/Resource/OS/AR/zz/zxy/202103636/6.html

实训码：dd1e1bd7

测验评价

评价标准：

采 分 点	教师评分（0～5 分）	自评（0～5 分）	互评（0～5 分）
1. 添加图片 2. 添加背景图片 3. 添加列表 4. 添加超链接 5. 添加视频 6. 应用表单			

模块 4

操纵标签

情景导入

制作动态网页是网站开发中的常用功能。在一般情况下，通过操纵标签制作动态网页，通过编写 JavaScript 代码操纵标签。首先获取标签对象，然后设置和修改标签的属性值、样式、内容。通过操纵<video>（视频）标签，实现多媒体的播放、暂停等功能。下面使用 HTML+CSS+JavaScript 制作可操纵标签的动态网页，如图 4-1 所示。

图 4-1　动态网页效果

任务分析

通常使用 index.html 文件实现。在 index.html 文件中，给指定的 HTML 标签添加鼠标事件。在<script>标签中，可以使用 JavaScript 代码设置 HTML 标签的 style、class 等属性值，从而实现图 4-1 中的页面效果。

制作图 4-1 中的动态网页效果，在整体的实现上，可以划分为以下 4 个步骤。

（1）使用鼠标控制事件。

（2）操纵标签属性。

（3）操纵标签样式。

（4）操纵视频。

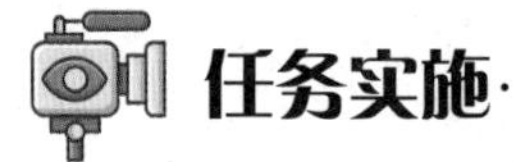

任务实施

步骤 1：使用鼠标控制事件

【知识链接】JavaScript 简介

JavaScript 是互联网上最流行的脚本语言之一。

- JavaScript 是一种轻量级的编程语言。
- JavaScript 是可插入 HTML 页面的编程代码。
- 插入 HTML 页面的 JavaScript 代码可以由大部分现代浏览器执行。
- JavaScript 非常简单，易于学习。

【知识链接】<script>标签

<script>标签主要用于在 HTML 页面中添加 JavaScript 代码。

<script>标签的语法格式如下：

```
<script type="text/javascript">
  javascript 相关代码;
</script>
```

注意：

- <script>标签可以出现在页面中的任意位置。

- 同一个页面中可以有多个<script>标签。
- <script>标签不能嵌套。
- <script>标签内只能出现 JavaScript 代码。

示例代码如下：

```
<!DOCTYPE html>
<html>
<head>
<meta charset="utf-8" />
</head>
  <body>
    <script type="text/javascript">
      document.write("JavaScript 输出内容");
    </script>
  </body>
</html>
```

代码讲解：

```
document.write("JavaScript 输出内容");
```

在浏览器中输出“JavaScript 输出内容”。

上述代码的运行效果如图 4-2 所示。

图 4-2　在浏览器中输出“JavaScript 输出内容”

【知识链接】鼠标事件

1. onclick 事件

onclick 事件是指在单击所在标签时执行特定的 JavaScript 代码。

添加 onclick 事件的语法格式如下：

```
<标签 onclick="JavaScript 代码"></标签>
```

示例代码如下：

```
<!DOCTYPE html>
<html>
<head>
<meta charset="utf-8" />
    <script type="text/javascript">
      function hello(){
```

```
            alert("hello 呀！");
        }
    </script>
</head>
<body>
    <input type="button" value=" 按 钮 " style="width:100%;height:50px"
onclick="hello()"/>
</body>
</html>
```

代码讲解：

```
<input type="button" value=" 按 钮 " style="width:100%;height:50px";
onclick="hello()"/>
```

onclick="hello()"：在单击按钮时，执行 hello()函数。

上述代码的运行效果如图 4-3 所示。

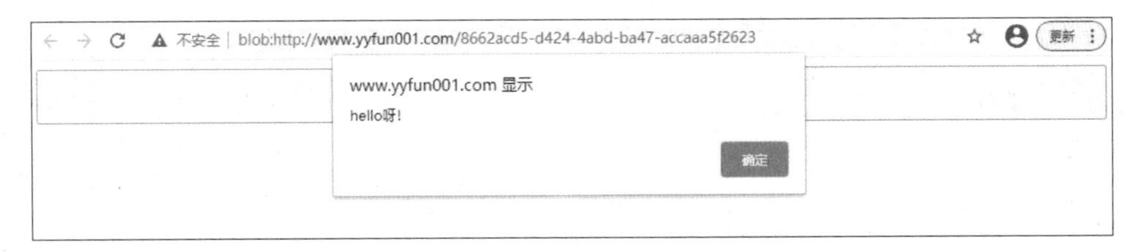

图 4-3　onclick 事件示例的运行效果

2. onmousedown 事件

onmousedown 事件是指在所在标签上按下鼠标按键时执行特定的 JavaScript 代码。

添加 onmousedown 事件的语法格式如下：

```
<标签 onmousedown="JavaScript 代码"></标签>
```

示例代码如下：

```
<!DOCTYPE html>
<html>
<head>
<meta charset="utf-8" />
    <script type="text/javascript">
      function hello(){
        alert("hello 呀！");
      }
    </script>
</head>
<body>
<input type="button" value=" 按 钮 " style="width:100%;height:50px"
onmousedown="hello()"/>
```

```
</body>
</html>
```

代码讲解：

```
<input type="button" value="按钮" style="width:100%;height:50px"
onmousedown ="hello()"/>
```

onmousedown ="hello()"：在“按钮”按钮上按下鼠标按键时，执行 hello()函数。

上述代码的运行效果如图 4-4 所示。

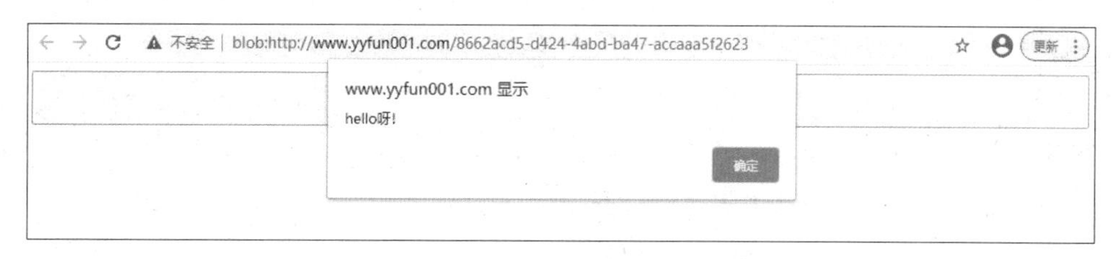

图 4-4　onmousedown 事件示例的运行效果

3. onmouseup 事件

onmouseup 事件是指在所在标签上松开鼠标按键时执行特定的 JavaScript 代码。

添加 onmouseup 事件的语法格式如下：

```
<标签 onmouseup="JavaScript 代码"></标签>
```

示例代码如下：

```
<!DOCTYPE html>
<html>
<head>
<meta charset="utf-8" />
    <script type="text/javascript">
      function hello(){
        alert("hello 呀！");
      }
</script>
</head>
<body>
    <input type="button" value=" 按 钮 " style="width:100%;height:50px"
onmouseup="hello()"/>
</body>
</html>
```

代码讲解：

```
<input type="button" value=" 按 钮 " style="width:100%;height:50px"
onmouseup="hello()"/>
```

onmouseup="hello()"：在“按钮”按钮上松开鼠标按键时，执行 hello()函数。

上述代码的运行效果如图 4-5 所示。

图 4-5　onmouseup 事件示例的运行效果

4. onmousemove 事件

onmousemove 事件是指在所在标签内部移动鼠标指针时执行特定的 JavaScript 代码。

添加 onmousemove 事件的语法格式如下：

```
<标签 onmousemove="JavaScript 代码"></标签>
```

示例代码如下：

```
<!DOCTYPE html>
<html>
<head>
<meta charset="utf-8" />
    <script type="text/javascript">
      function hello(){
        alert("hello 呀! ");
      }
    </script>
</head>
<body>
    <input  type="button"  value=" 按 钮 "  style="width:100%;height:50px"
onmousemove="hello()"/>
</body>
</html>
```

代码讲解：

```
<input  type="button"  value=" 按 钮 "  style="width:100%;height:50px"
onmousemove="hello()"/>
```

onmousemove ="hello()"：在“按钮”按钮内部移动鼠标指针时，执行 hello()函数。

上述代码的运行效果如图 4-6 所示。

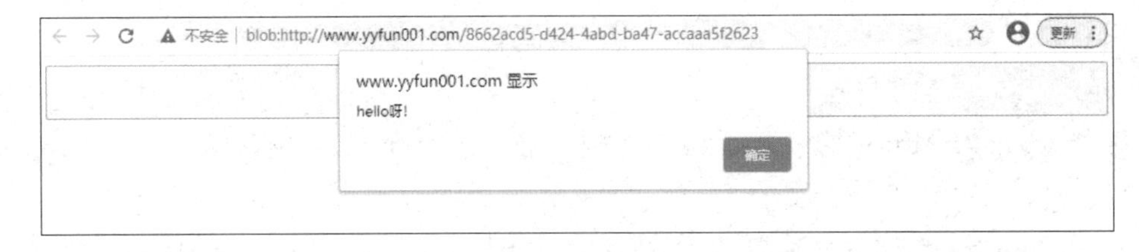

图 4-6　onmousemove 事件示例的运行效果

5. onmouseover 事件

onmouseover 事件是指在将鼠标指针移动到目标标签上时执行特定的 JavaScript 代码。

添加 onmouseover 事件的语法格式如下：

```
<标签 onmouseover="JavaScript 代码"></标签>
```

示例代码如下：

```
<!DOCTYPE html>
<html>
<head>
<meta charset="utf-8" />
   <script type="text/javascript">
     function hello(){
       alert("hello 呀！");
     }
   </script>
</head>
<body>
   <input type="button" value=" 按 钮 " style="width:100%;height:50px"
onmouseover="hello()"/>
</body>
</html>
```

代码讲解：

```
<input type="button" value=" 按 钮 " style="width:100%;height:50px"
onmouseover="hello()"/>
```

onmouseover ="hello()"：在将鼠标指针移动到“按钮”按钮上时，执行 hello()函数。

上述代码的运行效果如图 4-7 所示。

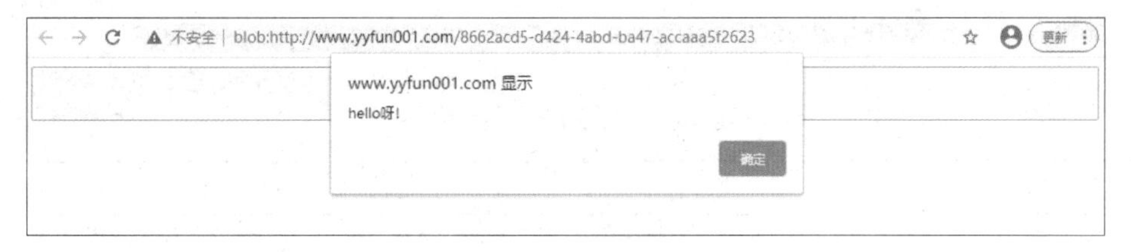

图 4-7　onmouseover 事件示例的运行效果

6. onmouseout 事件

onmouseout 事件是指在将鼠标指针从目标标签上移开时执行特定的 JavaScript 代码。

添加 onmouseout 事件的语法格式如下：

```
<标签 onmouseout="JavaScript 代码"></标签>
```

示例代码如下：

```
<!DOCTYPE html>
```

```
<html>
<head>
<meta charset="utf-8" />
    <script type="text/javascript">
      function hello(){
        alert("hello 呀！");
      }
    </script>
</head>
<body>
    <input  type="button"  value=" 按 钮 "  style="width:100%;height:50px"
onmouseout="hello()"/>
</body>
</html>
```

代码讲解：

```
<input  type="button"  value=" 按 钮 "  style="width:100%;height:50px"
onmouseout="hello()"/>
```

onmouseout ="hello()"：在将鼠标指针从“按钮”按钮上移开时，执行 hello()函数。

上述代码的运行效果如图 4-8 所示。

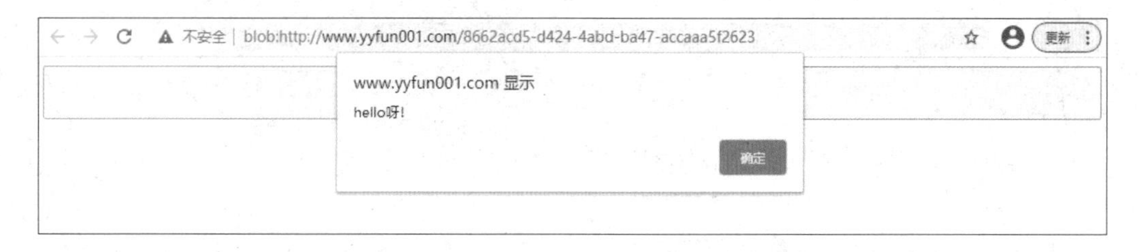

图 4-8　onmouseout 事件示例的运行效果

常用的鼠标事件如表 4-1 所示。

表 4-1　常用的鼠标事件

事 件 名 称	作　用
onclick	单击
ondblclick	双击
onmousedown	按下鼠标按键
onmouseup	松开鼠标按键
onmouseover	将鼠标指针移动到目标标签上
onmouseout	将鼠标指针从目标标签上移开
onmousemove	移动鼠标指针
onkeydown	按下键盘按键
onkeyup	松开键盘按键

续表

事件名称	作　用
onkeypress	敲击键盘按键
onchange	用户改变表单标签中的内容
onfocus	标签获得焦点
onblur	标签失去焦点
onsubmit	单击提交按钮
onreset	单击重置按钮
onresize	调整窗口尺寸
onload	页面加载完成
onunload	用户退出页面

【知识链接】JavaScript 选择器

1. id 选择器

使用 id 选择器可以根据指定的 id 属性值获取 HTML 标签。

id 选择器的语法格式如下：

```
document.getElementById("id名称");
```

示例代码如下：

```
<!DOCTYPE html>
<html>
<head>
<meta charset="utf-8" />
    <script type="text/javascript">
        function hello(){
            var a = document.getElementById("div1");
            a.style.backgroundColor = "orange";
        }
    </script>
</head>
<body>
    <input  type="button"  value=" 按 钮 "  style="width:100%;height:50px"
onclick="hello()"/>
    <br/><br/><br/>
    <div id="div1">这是 div1</div>
</body>
</html>
```

代码讲解：

```
function hello(){
```

```
        var a = document.getElementById("div1");
        a.style.backgroundColor = "orange";
    }
```

var a = document.getElementById("div1")：获取 id 属性值为"div1"的 HTML 标签，并且将其存储于变量 a 中。

a.style.backgroundColor = "orange"：设置变量 a 中标签的背景颜色为橙色。

上述代码的运行效果如图 4-9 所示。

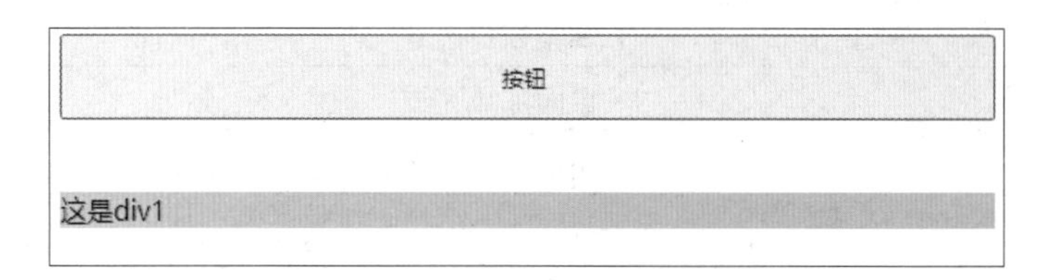

图 4-9　id 选择器示例的运行效果

2. class 选择器

使用 class 选择器可以根据指定的 class 属性值获取 HTML 标签。

class 选择器的语法格式如下：

```
document.getElementsByClassName("class 名称");
```

一个文档中的 class 属性值可能不唯一，因此使用 getElementsByClassName()方法返回的是 HTML 标签集合。

示例代码如下：

```
<!DOCTYPE html>
<html>
<head>
<meta charset="utf-8" />
    <script type="text/javascript">
      function hello(){
        var arr = document.getElementsByClassName ("div1");
        for(var i = 0;i<arr.length;i++){
          arr[i].style.backgroundColor = "orange";
        }
      }
    </script>
</head>
<body>
    <input  type="button"  value=" 按 钮 "  style="width:100%;height:50px"
onclick="hello()"/>
    <br/><br/><br/>
    <div class="div1">这是 div1</div>
```

```
    <div class="div1">这是 div2</div>
</body>
</html>
```

代码讲解：

```
function hello(){
    var arr = document.getElementsByClassName ("div1");
    for(var i = 0;i<arr.length;i++){
       arr[i].style.backgroundColor = "orange";
    }
}
```

var arr = document.getElementsByClassName("div1")：获取 class 属性值为"div1"的所有 HTML 标签，并且将其存储于数组变量 arr 中。

for(var i = 0;i<arr.length;i++)：遍历 arr 数组。

arr[i].style.backgroundColor = "orange"：将 arr 数组中每个标签的背景颜色都设置为橙色。

上述代码的运行效果如图 4-10 所示。

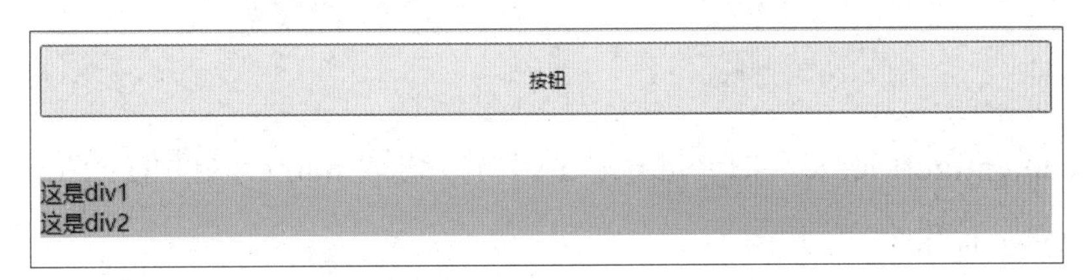

图 4-10　clsss 选择器示例的运行效果

3. name 选择器

使用 name 选择器可以根据指定的 name 属性值获取 HTML 标签。

name 选择器的语法格式如下：

```
document.getElementsByName("名称");
```

一个文档中的 name 属性值可能不唯一，因此使用 getElementsByName()方法返回的是 HTML 标签集合。

示例代码如下：

```
<!DOCTYPE html>
<html>
<head>
<meta charset="utf-8" />
    <script type="text/javascript">
      function hello(){
        var arr = document.getElementsByName("div1");
        for(var i = 0;i<arr.length;i++){
          arr[i].style.backgroundColor = "orange";
```

```
        }
    }
    </script>
</head>
<body>
    <input  type="button"  value=" 按 钮 "  style="width:100%;height:50px"
onclick="hello()"/>
    <br/><br/><br/>
    <div name="div1">这是 div1</div>
    <div name="div1">这是 div2</div>
</body>
</html>
```

代码讲解：

```
function hello(){
    var arr = document.getElementsByName("div1");
      for(var i = 0;i<arr.length;i++){
          arr[i].style.backgroundColor = "orange";
      }
  }
```

var arr = document.getElementsByName("div1")：获取 name 属性值为"div1"的所有 HTML 标签，并且将其存储于数组变量 arr 中。

for(var i = 0;i<arr.length;i++)：遍历 arr 数组。

arr[i].style.backgroundColor = "orange"：将 arr 数组中每个标签的背景颜色都设置为橙色。

上述代码的运行效果如图 4-11 所示。

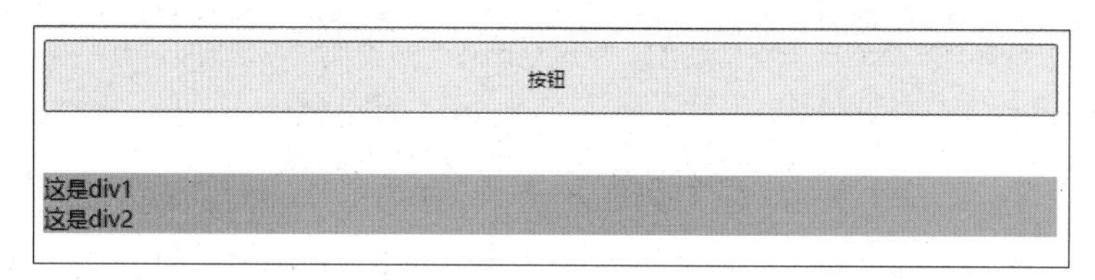

图 4-11　name 选择器示例的运行效果

4. 标签选择器

使用标签选择器可以根据指定的标签名获取 HTML 标签。

标签选择器的语法格式如下：

```
document.getElementsByTagName("标签");
```

使用 getElementsByTagName()方法返回的是 HTML 标签集合。

示例代码如下：

```
<!DOCTYPE html>
<html>
```

```
<head>
<meta charset="utf-8" />
    <script type="text/javascript">
      function hello(){
        var arr = document.getElementsByTagName("div");
        for(var i = 0;i<arr.length;i++){
          arr[i].style.backgroundColor = "orange";
        }
      }
    </script>
</head>
<body>
    <input  type="button"  value=" 按 钮 "  style="width:100%;height:50px"
onclick="hello()"/>
    <br/><br/><br/>
    <div>这是 div1</div>
    <div>这是 div2</div>
</body>
</html>
```

代码讲解：

```
function hello(){
    var arr = document. getElementsByTagName("div");
    for(var i = 0;i<arr.length;i++){
        arr[i].style.backgroundColor = "orange";
    }
}
```

var arr = document.getElementsByTagName("div")：获取所有<div>标签，并且将其存储于数组变量 arr 中。

for(var i = 0;i<arr.length;i++)：遍历 arr 数组。

arr[i].style.backgroundColor = "orange"：将 arr 数组中每个标签的背景颜色都设置为橙色。

上述代码的运行效果如图 4-12 所示。

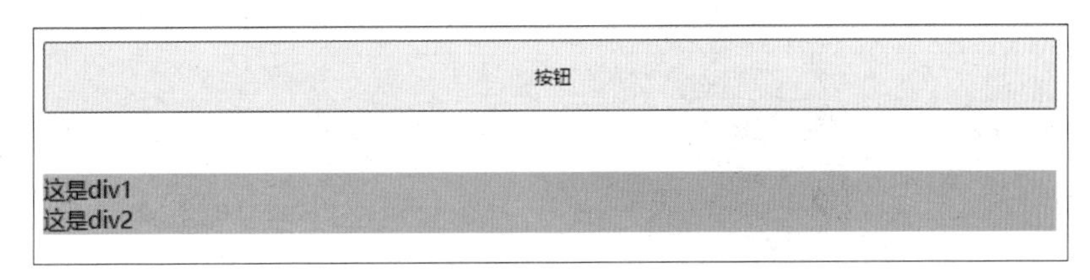

图 4-12　标签选择器示例的运行效果

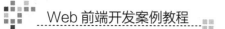

步骤 2：操纵标签属性

【知识链接】标签属性

标签属性主要用于设置标签的特定显示效果。

设置标签属性的语法格式如下：

```
<font 属性名="值" 属性名="值" ……></font>
<img 属性名="值" 属性名="值" …… />
```

注意：标签属性不能混用。

示例代码如下：

```
<!DOCTYPE html>
<html>
<head>
    <meta charset="UTF-8" />
</head>
<body>
    <font color="green" size="6">文本内容</font>
    <img src="res/htmlclassics/full/images/page2_bg.png" width="200" />
</body>
</html>
```

代码讲解：

1）设置<font>标签的属性。

```
<font color="green" size="6">文本内容</font>
```

color="green"：设置文本颜色为绿色。

size="6"：设置文本字号为 6。

2）设置<img>标签的属性。

```
<img src="res/htmlclassics/full/images/page2_bg.png" width="200" />
```

src=res/htmlclassics/full/images/page2_bg.png：设置图片路径。

width="200"：设置图片宽度为 200px。

上述代码的运行效果如图 4-13 所示。

图 4-13　设置标签属性示例的运行效果

【知识链接】操纵标签属性详解

1. 获取标签属性值

获取标签属性值的语法格式如下：

```
var 变量 = 标签对象.属性名;
```

示例代码如下：

```
<!DOCTYPE html>
<html>
<head>
    <meta charset="UTF-8" />
</head>
<body>
    <font color="green" size="6" id="font1">文本内容</font>
    <img src="res/htmlclassics/full/images/page2_bg.png" width="200" id="img1"
/>
    <script type="text/javascript">
      var fontObj = document.getElementById("font1");
      var fontSize = fontObj.size;
      var fontColor = fontObj.color;
      document.write(fontSize+fontColor);
    </script>
</body>
</html>
```

代码讲解：

```
var fontObj = document.getElementById("font1");
```

获取<font>标签对象。

```
var fontSize = fontObj.size;
```

获取<font>标签的文本字号。

```
var fontColor = fontObj.color;
```

获取<font>标签的文本颜色。

上述代码的运行效果如图 4-14 所示。

图 4-14　获取<font>标签属性值示例的运行效果

2. 设置标签属性值

设置标签属性值的语法格式如下：

```
标签对象.属性名 = 值;
```

示例代码如下：

```
<!DOCTYPE html>
<html>
<head>
    <meta charset="UTF-8" />
</head>
<body>
    <font color="green" size="6" id="font1">文本内容</font>
    <img   src="res/htmlclassics/full/images/page2_bg.png"   width="200"
id="img1" />
    <script type="text/javascript">
      var fontObj = document.getElementById("font1");
      fontObj.size = 20;
      fontObj.color = "orange";
    </script>
</body>
</html>
```

代码讲解：

```
var fontObj = document.getElementById("font1");
```

获取<font>标签对象。

```
fontObj.size = 20;
```

设置<font>标签的文本字号为 20。

```
fontObj.color = "orange";
```

设置<font>标签的文本颜色为橙色。

上述代码的运行效果如图 4-15 所示。

图 4-15 设置<font>标签属性值示例的运行效果

【知识链接】标签的 offset 属性

获取标签 offset 属性的语法格式如下：

```
var 变量 = 标签对象.offsetWidth;
```

```
var 变量 = 标签对象.offsetHeight;
var 变量 = 标签对象.offsetLeft;
var 变量 = 标签对象.offsetTop;
```

说明：

- offsetWidth：获取标签的像素宽度，包含内边距（padding）和边框（border），不包含外边距（margin）。
- offsetHeight：获取标签的像素高度，包含内边距（padding）和边框（border），不包含外边距（margin）及滚动条。
- offsetLeft：获取标签向左偏移的像素值，包含标签的外边距（margin）、被定位的最近祖先标签的左侧内边距（padding）和边框（border）。
- offsetTop：获取标签向顶部偏移的像素值，包含标签的外边距（margin）、被定位的最近祖先标签的顶部内边距（padding）、边框（border）及滚动条。

示例代码如下：

```
<!DOCTYPE html>
<html>
<head>
    <meta charset="UTF-8" />
</head>
<body>
    <font color="green" size="6" id="font1">文本内容</font>
    <img   src="res/htmlclassics/full/images/page2_bg.png"   width="200"
id="img1" />
    <script type="text/javascript">
      var imgObj = document.getElementById("img1");
      var width = imgObj.offsetWidth;
      var height = imgObj.offsetHeight;
      var left = imgObj.offsetLeft;
      var tops = imgObj.offsetTop;
      document.write("宽: "+width+" 高: "+height+" 左: "+left+" 上: "+tops);
    </script>
</body>
</html>
```

代码讲解：

```
var imgObj = document.getElementById("img1");
```

获取<img>标签对象。

```
var width = imgObj.offsetWidth;
```

获取<img>标签的像素宽度。

```
var height = imgObj.offsetHeight;
```

获取<img>标签的像素高度。

```
var left = imgObj.offsetLeft;
```

获取<img>标签向左偏移的像素值。

```
var tops = imgObj.offsetTop;
```

获取<img>标签向顶部偏移的像素值。

上述代码的运行效果如图 4-16 所示。

图 4-16　获取<img>标签 offset 属性值示例的运行效果

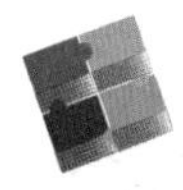

【知识链接】标签内容

设置标签内容的语法格式如下：

```
标签对象.innerHTML
标签对象.innerText
```

说明：

- innerHTML 主要用于设置或获取标签中的 HTML 内容。
- innerText 主要用于设置或获取标签中的 text 内容（文本）。

注意：只有双标签才具有该属性。

示例代码如下：

```
<!DOCTYPE html>
<html>
<head>
    <meta charset="UTF-8" />
</head>
<body>
    <div id="div1">
      <font color="green" size="6">文本内容</font>
    </div>
    <div id="div2">
        <img src="res/htmlclassics/full/images/
page2_bg.png" width="200" />
    </div>
```

```
    <script type="text/javascript">
      var obj1 = document.getElementById("div1");
      var txt1 = obj1.innerHTML;
      var txt2 = obj1.innerText;
      alert("txt1: "+txt1+" txt2: "+txt2);
    </script>
</body>
</html>
```

代码讲解：

```
var obj1 = document.getElementById("div1");
```

获取id属性值为"div1"的<div>标签对象。

```
var txt1 = obj1.innerHTML;
```

获取<div>标签中的HTML内容。

```
var txt2 = obj1.innerText;
```

获取<div>标签中的文本。

上述代码的运行效果如图4-17所示。

图4-17　获取<div>标签中内容示例的运行效果

步骤3：操纵标签样式

【知识链接】标签的style属性

使用标签的style属性给标签添加样式的语法格式如下：

```
标签对象.style.样式名 = 值;
```

示例代码如下：

```
<!DOCTYPE html>
<html>
<head>
    <meta charset="UTF-8" />
</head>
<body>
    <div id="div1">
      <font color="green" size="6">文本内容</font>
    </div>
```

```
    <script type="text/javascript">
      var obj1 = document.getElementById("div1");
      obj1.style.width = "1000px";
      obj1.style.height = "120px";
      obj1.style.backgroundColor = "orange";
    </script>
</body>
</html>
```

代码讲解：

```
var obj1 = document.getElementById("div1");
```

获取 id 属性值为"div1"的<div>标签对象。

```
obj1.style.width = "1000px";
```

设置<div>标签的宽度为 1000px。

```
obj1.style.height = "120px";
```

设置<div>标签的高度为 120px。

```
obj1.style.backgroundColor = "orange";
```

设置<div>标签的背景颜色为橙色。

上述代码的运行效果如图 4-18 所示。

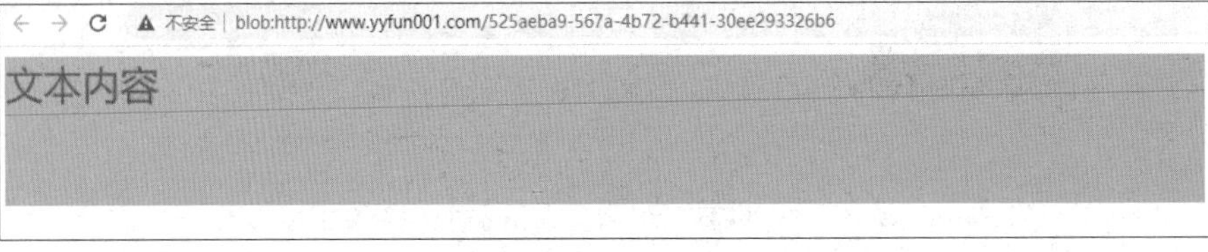

图 4-18　使用 style 属性给<div>标签添加样式示例的运行效果

【知识链接】标签的 class 属性

设置标签样式名的语法格式如下：

```
标签对象.className = 类名;
```

示例代码如下：

```
<!DOCTYPE html>
<html>
<head>
    <meta charset="UTF-8" />
    <style type="text/css">
      .div1{
        width:1000px;
        height:200px;
        background-color:green;
```

```
        }
    </style>
</head>
<body>
    <div id="div1">
      <font color="white" size="6">文本内容</font>
    </div>
    <script type="text/javascript">
      var obj1 = document.getElementById("div1");
      obj1.className = "div1";
    </script>
</body>
</html>
```

代码讲解：

```
var obj1 = document.getElementById("div1");
```

获取 id 属性值为"div1"的<div>标签对象。

```
obj1.className = "div1";
```

设置<div>标签的样式名为"div1"。

上述代码的运行效果如图 4-19 所示。

图 4-19　设置<div>标签样式名示例的运行效果

【知识链接】页面加载事件

页面加载事件是指在网页加载完毕后立刻执行的操作，也就是在 HTML 文档加载完毕后，立刻执行 JavaScript 代码或某个 JavaScript 函数。

页面加载事件的语法格式如下：

```
<body onload="函数名()">
```

或者：

```
window.onload = function(){
  javascript 代码
}
```

示例代码如下：

```
<!DOCTYPE html>
```

```
<html>
<head>
<title></title>
<meta charset="utf-8" />
</head>
<body>
    <div id="div1"><p>div1</p></div>
    <script type="text/javascript">
        window.onload = function(){
            alert(document.getElementById("div1").innerHTML);
        }
    </script>
</body>
</html>
```

代码讲解：

```
window.onload = function(){
    alert(document.getElementById("div1").innerHTML);
}
```

window.onload = function(){}：在 HTML 文档加载完成后执行该函数。

alert(document.getElementById("div1").innerHTML)：弹出一个警告框，显示 id 属性值为"div1"的标签中的 HTML 内容。

上述代码的运行效果如图 4-20 所示。

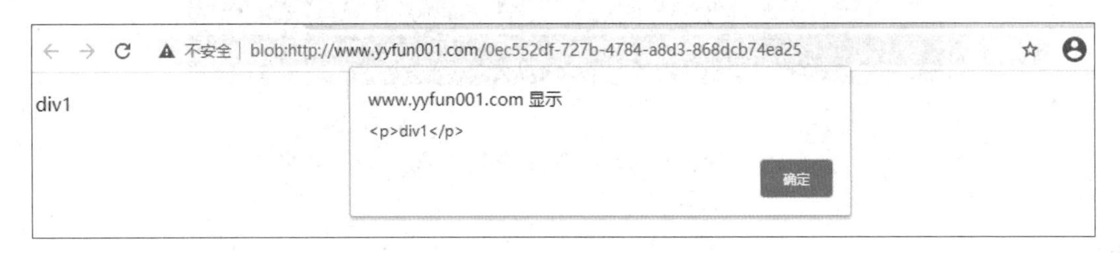

图 4-20　页面加载事件示例的运行效果

【知识链接】this 关键字

this 关键字表示当前对象的一个引用。

使用 this 关键字的语法格式如下：

```
this.className = 类名;
this.style.样式名 = 值;
```

示例代码如下：

```
<!DOCTYPE html>
<html>
```

```
<head>
    <meta charset="UTF-8" />
    <style type="text/css">
      .div1{
        width:500px;
        height:200px;
        background-color:green;
      }
    </style>
</head>
<body>
    <div id="div1">
      <font color="orange" size="6">文本内容 1</font>
      文本内容 2
    </div>
    <script type="text/javascript">
      var obj1 = document.getElementById("div1");
      obj1.onclick = function(){
        this.className = "div1";
        this.style.color = "white";
      }
    </script>
</body>
</html>
```

代码讲解：

1）给<div>标签添加 onclick 事件。

```
obj1.onclick = function(){
}
```

2）给当前标签设置样式。

```
this.className = "div1";
```

设置当前标签的类名为 div1。

```
this.style.color = "white";
```

设置当前标签的文本颜色为白色。

上述代码的运行效果如图 4-21 所示。

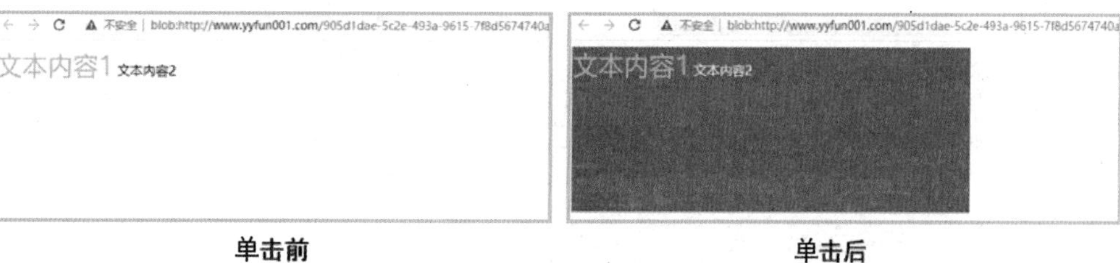

图 4-21　this 关键字示例的运行效果

【知识链接】事件冒泡

如图 4-22 所示，给父标签和子标签都添加 onclick 事件，在子标签上单击的同时会触发父标签的 onclick 事件，这就是事件冒泡。

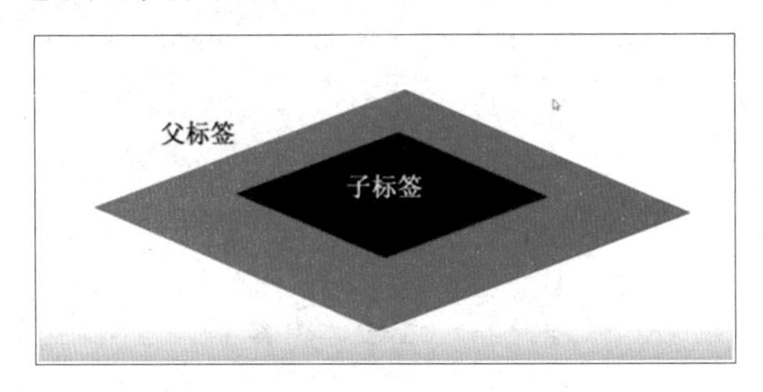

图 4-22　事件冒泡

阻止事件冒泡的语法格式如下：

```
标签对象.事件名 = function(e){
    e.stopPropagation();
}
```

示例代码如下：

```
<!DOCTYPE html>
<html>
  <head>
    <meta charset="utf-8" />
    <style type="text/css">
      html,body{
        margin:0px;
        padding:0px;
        width:100%;
        height:100%;
        background-color: #000000;
        overflow:hidden;
      }
      a{
        width: 15%;
        color:#fff;
        text-decoration:none;
      }
      ul{
        margin:0px;
        padding:0px;
        list-style-type:none;
```

```
}
.head{
 width:100%;
 height:56px;
 text-align: center;
 background: #000;
 color:#fff;
 opacity:0.7;
 position:fixed;
 top:0px;
 left:0px;
 z-index:999;
 display:flex;
 justify-content:center;
 background-image:url("res/htmlclassics/full/images/head_bg.png");
}
.head  div{
 line-height:56px;
 cursor: pointer;
 box-sizing: border-box;
}
.head div:hover {
 border-bottom: 1px solid #ffffff;
 color:yellow;
}
#mainDiv{
 width:100%;
 height:100%;
 position: absolute;
 left:0px;
 top:0px;
 z-index: 1;
}
#page2{
 position:relative;
 top:0;
 width:100%;
 height:100%;
 text-align: center;
 overflow: hidden;
 display:flex;
 align-items:center;
```

```
  justify-content:center;
  background: #282923;
  color:#fff;
  background-image:url("res/htmlclassics/full/images/page3_bg.png");

}
 #page2_ul{
  width:80%;
  height:80%;
  display:flex;
  align-items:center;
  justify-content:space-around;
}
li{
  position:relative;
  width:12%;
  height:100%;
  max-height:800px;
  border-radius:25px;
  background-color: #333333;
  overflow:hidden;
  cursor:pointer;
}
.closeBtn{
  position:absolute;
  right:30px;
  top:30px;
  opacity:0.5;
  display:none;
}

.bgDiv{
  width:100%;
  height:100%;
  max-height:800px;
  background-position:center;
  background-repeat:no-repeat;
  background-size:auto 100%;
  opacity:0.5;
  border-radius:25px;
}
.bgDiv:hover{
```

```
  opacity:1;
}
#li1 .bgDiv{
  background-image:url("res/htmlclassics/full/images/131.jpg");
  background-size:auto 100%;
}
#li2 .bgDiv{
  background-image:url("res/htmlclassics/full/images/132.jpg");
  background-size:auto 100%;
}
#li3 .bgDiv{
  background-image:url("res/htmlclassics/full/images/133.jpg");
  background-size:auto 100%;
}
#li4 .bgDiv{
  background-image:url("res/htmlclassics/full/images/134.jpg");
  background-size:auto 100%;
}
#li5 .bgDiv{
  background-image:url("res/htmlclassics/full/images/135.jpg");
  background-size:auto 100%;
}
#li6 .bgDiv{
  background-image:url("res/htmlclassics/full/images/136.jpg");
  background-size:auto 100%;
}
#li7 .bgDiv{
  background-image:url("res/htmlclassics/full/images/137.jpg");
  background-size:auto 100%;
}
#li8 .bgDiv{
  background-image:url("res/htmlclassics/full/images/138.jpg");
  background-size:auto 100%;
}
.active{
  width:100%;
}
.active .closeBtn{
  display:block;
}
.aaa li{
  width:100%;
```

```
        height: 100%;
      }
      .aaa li:not(.active){
        height:0%;
        width:0%;
      }
    </style>
    <script type="text/javascript">
      window.onload = function(){
        for(var i=1;i<=8;i++){
          document.getElementById("li"+i).onclick = function(){
            this.className = "active";
            document.getElementById("page2_ul").className = "aaa";
          }
        }
        var closeBtnList = document.getElementsByClassName("closeBtn");
        for(var i=0;i<closeBtnList.length;i++){
          closeBtnList[i].onclick = function(e){
            e.stopPropagation();
            document.getElementsByClassName("active")[0].className = "";
            document.getElementById("page2_ul").className = "";
          }
        }
      }
    </script>
  </head>
  <body >
    <!-- 网站头 -->
    <div class="head">
      <a href="#"><div>网站首页</div></a>
      <a href="#"><div>在线课堂</div></a>
      <a href="#"><div>付费课程</div></a>
      <a href="#"><div>全站搜索</div></a>
    </div>
    <div id="mainDiv">
      <!-- 第 3 屏 -->
      <div id="page2" class="enter">
        <ul id="page2_ul">
          <li id="li1" class="page2_ul_li">
            <div class="bgDiv"></div>
            <img  class="closeBtn"  src="res/htmlclassics/full/images/close_
btn.png" />
          </li>
```

```
        <li id="li2" class="page2_ul_li">
          <div class="bgDiv"></div>
          <img class="closeBtn" src="res/htmlclassics/full/images/close_
btn.png" />
        </li>
        <li id="li3" class="page2_ul_li">
          <div class="bgDiv"></div>
          <img class="closeBtn" src="res/htmlclassics/full/images/close_
btn.png" />
        </li>
        <li id="li4" class="page2_ul_li">
          <div class="bgDiv"></div>
          <img class="closeBtn" src="res/htmlclassics/full/images/close_
btn.png" />
        </li>
        <li id="li5" class="page2_ul_li">
          <div class="bgDiv"></div>
          <img class="closeBtn" src="res/htmlclassics/full/images/close_
btn.png" />
        </li>
        <li id="li6" class="page2_ul_li">
          <div class="bgDiv"></div>
          <img class="closeBtn" src="res/htmlclassics/full/images/close_
btn.png" />
        </li>
        <li id="li7" class="page2_ul_li">
          <div class="bgDiv"></div>
          <img class="closeBtn" src="res/htmlclassics/full/images/close_
btn.png" />
        </li>
        <li id="li8" class="page2_ul_li">
          <div class="bgDiv"></div>
          <img class="closeBtn" src="res/htmlclassics/full/images/close_
btn.png" />
        </li>
      </ul>
    </div>
  </body>
</html>
```

代码讲解：

1）页面加载事件。

```
window.onload = function(){
```

```
}
```

window.onload = function()：页面加载事件。

2）给每个<li>标签添加 onclick 事件。

```
for(var i=1;i<=8;i++){
    document.getElementById("li"+i).onclick = function(){
      this.className = "active";
      ocument.getElementById("page2_ul").className = "aaa";
    }
}
```

document.getElementById("li"+i).onclick = function()：给<li>标签添加 onclick 事件。

this.className = "active"：给当前被单击的<li>标签添加样式名"active"。

ocument.getElementById("page2_ul").className = "aaa"：给父标签<ul>添加样式名"aaa"。

3）给每个关闭按钮添加 onclick 事件。

```
var closeBtnList = document.getElementsByClassName("closeBtn");
  for(var i=0;i<closeBtnList.length;i++){
    closeBtnList[i].onclick = function(e){
      e.stopPropagation();
      document.getElementsByClassName("active")[0].className = "";
      document.getElementById("page2_ul").className = "";
    }
}
```

var closeBtnList = document.getElementsByClassName("closeBtn")：获取所有关闭按钮对象。

closeBtnList[i].onclick = function(e)：给每个关闭按钮添加 onclick 事件。

e.stopPropagation()：阻止事件冒泡（在单击关闭按钮时，<li>标签和<ul>标签也会被单击，要阻断这种效果，必须用这条代码）。

document.getElementsByClassName("active")[0].className = ""：清除<li>标签的样式名"active"。

document.getElementById("page2_ul").className = ""：清除<ul>标签的样式名"aaa"。

上述代码的运行效果如图 4-23 所示。

图 4-23　图片列表

在单击其中一列后，效果如图 4-24 所示。

图 4-24　单击其中一列后的效果

在单击右上角的关闭按钮后，恢复原始样式，即图 4-23 中的效果。

步骤 4：操纵视频

【知识链接】操纵<video>标签

通过改变视频标签对象的属性值，实现视频的播放、暂停、显示播放进度、静音播放等功能。

使用视频标签对象的语法格式如下：

```
视频标签对象.属性名 = 值;
视频标签对象.方法名();
```

说明：

视频标签对象的方法如下。

- 视频标签对象.play()：开始播放视频。
- 视频标签对象.pause()：暂停当前播放的视频。

视频标签对象的属性如下。

- 视频标签对象.currentTime：设置或返回视频中的当前播放位置（以秒为单位）。
- 视频标签对象.muted：设置或返回是否关闭声音。

示例代码如下：

```
<!DOCTYPE html>
<html>
<head>
<meta charset="utf-8" />
</head>
<body style="text-align:center;">
   <video id="vo" width="700" controls src="res/htmlclassics/full/video/
```

```
avenger.mp4"></video>
        <br/><br/>
        <input type="button" value="播放" onclick="hello1()" />
        <input type="button" value="暂停" onclick="hello2()" />
        <input type="button" value="设置进度" onclick="hello3()" />
        <input type="button" value="静音" onclick="hello4()" />
        <script type="text/javascript">
          var video = document.getElementById("vo");
          function hello1(){
              video.play();
          }
          function hello2(){
              video.pause();
          }
          function hello3(){
              video.currentTime = 78;
          }
          function hello4(){
              video.muted = !video.muted;
          }
        </script>
    </body>
    </html>
```

代码讲解：

1）播放视频。

```
function hello1(){
    video.play();
}
```

video.play()：播放视频。

2）暂停视频。

```
function hello2(){
    video.pause();
}
```

video.pause()：暂停视频。

3）设置播放时间。

```
function hello3(){
    video.currentTime = 78;
}
```

video.currentTime = 78：设置播放时间从 78 秒开始。

4）开启或关闭视频声音。

```
function hello4(){
    video.muted = !video.muted;
}
```

video.muted = !video.muted：开启或关闭视频声音。

上述代码的运行效果如图 4-25 所示。

图 4-25　操纵视频示例的运行效果

拓展练习

运用所学知识，完成以下拓展练习。

拓展 1：轮播图片切换

轮播图片切换的效果如图 4-26 所示。

图 4-26　轮播图片切换的效果

要求：

1. 参照效果图完成练习。
2. 给底部的 3 张小图片添加 onclick 事件。
3. 在单击小图片时，更改上面大图片的显示效果。

在线做题：

打开浏览器并输入指定地址，在线完成本道练习题。

实训链接：http://www.hxedu.com.cn/Resource/OS/AR/zz/zxy/202103636/6.html

实训码：1292429e

拓展 2：制作“秀出你的风采”页面

“秀出你的风采”页面的效果如图 4-27 所示。

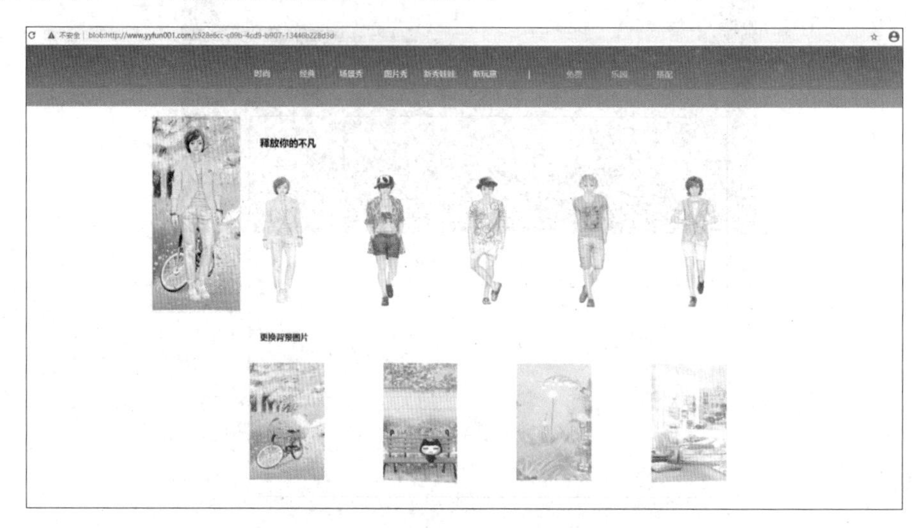

图 4-27 “秀出你的风采”页面的效果

要求：

1. 参照效果图完成练习。
2. 给人物图片、背景图片分别添加鼠标事件，实现变更形象的功能。

在线做题：

打开浏览器并输入指定地址，在线完成本道练习题。

实训链接：http://www.hxedu.com.cn/Resource/OS/AR/zz/zxy/202103636/6.html

实训码：6b1e2ead

拓展 3：文本编辑

文本编辑的效果如图 4-28 所示。

要求：

1. 参照效果图完成练习。
2. 设置背景颜色值为#00c091、按钮颜色值为#F1D9B5。
3. 给按钮分别添加 onclick 事件，实现相应的功能。

- 设置字体：将页面中的文本字号设置为 16px。

- 设置颜色：将页面中的文本颜色值设置为#FF0000。
- 设置行高：将页面中的文本行高设置为 36px。
- 设置加粗：将页面中的文本设置为粗体显示效果。
- 设置下画线：给页面中的文本添加下画线。
- 清除：将页面中的文本样式全部清除。

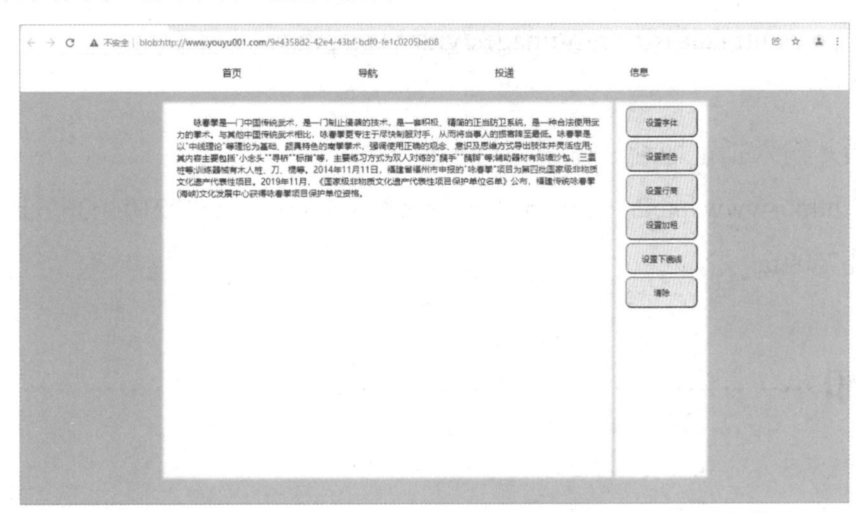

图 4-28　文本编辑的效果

在线做题：

打开浏览器并输入指定地址，在线完成本道练习题。

实训链接：http://www.hxedu.com.cn/Resource/OS/AR/zz/zxy/202103636/6.html

实训码：833254ef

拓展 4：控制视频播放

控制视频播放的效果如图 4-29 所示。

图 4-29　控制视频播放的效果

要求：

1. 参照效果图完成练习。
2. 给按钮添加鼠标事件，控制视频播放效果。
3. 相关资源如下。

- 视频路径：res/htmlclassics/full/video/avenger.mp4。
- 图片路径：res/htmlclassics/full/images/video_bg.png。

在线做题：

打开浏览器并输入指定地址，在线完成本道练习题。

实训链接：http://www.hxedu.com.cn/Resource/OS/AR/zz/zxy/202103636/6.html

实训码：db7502fa

测验评价

评价标准：

采 分 点	教师评分 （0~5 分）	自评 （0~5 分）	互评 （0~5 分）
1．使用鼠标控制事件（JavaScript 简介、<script>标签、鼠标事件、JavaScript 选择器） 2．操纵标签属性（标签属性、操纵标签属性详解、标签的 offset 属性、标签内容） 3．操纵标签样式（标签的 style 属性、标签的 class 属性、页面加载事件、this 关键字、事件冒泡） 4．操纵视频（操纵<video>标签）			

模块 5

添加 CSS3 动画

情景导入

制作动态网页是网站开发中的常用功能，transition（过渡）效果、animation（动画）效果、切屏动画是制作动态网页的常用方法。下面我们使用 HTML+CSS3+JavaScript 添加 CSS3 动画，从而制作动态网页结构，如图 5-1 所示。

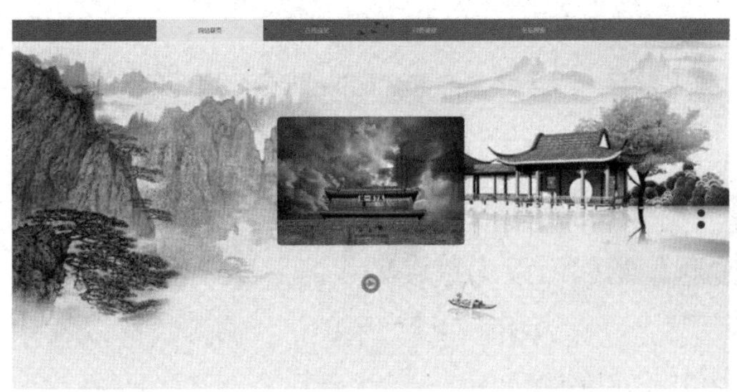

图 5-1　动态网页结构

任务分析

通常使用 index.html 文件实现。使用 CSS3 中的 transition 属性可以给 HTML 标签设置过渡（transition）效果，使用 CSS3 中的 animation 属性可以给 HTML 标签设置动画（animation）效果，在<script>标签中使用 JavaScript 代码可以设置 HTML 标签的 style、class 等属性值，

从而实现图 5-1 中的页面效果。

制作图 5-1 中的 CSS3 动画，在整体的实现上，可以划分为以下 3 个步骤。

（1）添加过渡效果。

（2）实现切屏动画。

（3）添加动画效果。

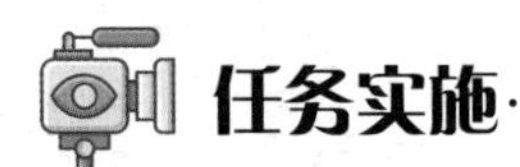

任务实施

步骤 1：添加过渡效果

【知识链接】过渡效果

transition 属性主要用于设置标签的过渡效果。

transition 属性的语法格式如下：

```
transition:样式名 时间 动画类型 延时;
```

参数说明如下。

- 样式名：如果样式名为 all，则表示所有样式一起发生改变。
- 时间：完成过渡的时间，以秒为单位。
- 动画类型：动画的过渡效果，其值如下。
  - linear：规定从开始至结束保持相同速度的过渡效果。
  - ease：规定以慢速开始，然后变快，最后以慢速结束的过渡效果。
  - ease-in：规定以慢速开始的过渡效果。
  - ease-out：规定以慢速结束的过渡效果。
  - ease-in-out：规定以慢速开始和结束的过渡效果。
- 延时：规定在多少时间后添加过渡效果，以秒为单位，此参数可以省略。

要添加过渡效果，必须明确以下两件事。

- 要添加过渡效果的 CSS 属性。
- 过渡效果的持续时间。

如果未规定过渡效果的持续时间，则不会有过渡效果，因为默认值为 0。

【知识链接】3D 动画

1. transform 属性

transform 属性主要用于进行标签的 2D 或 3D 转换。这个属性允许对标签进行旋转、缩放、移动、倾斜等操作。

transform 属性的语法格式如下：

```
transform:转换方法();
```

transform 属性通常应用于标签的 2D 或 3D 转换方法，其值如表 5-1 所示。

表 5-1 transform 属性的值

值	描　述
none	设置不进行转换
matrix(n,n,n,n,n,n)	设置 2D 转换，使用 6 个值的矩阵
matrix3d(n,n,n,n,n,n,n,n,n,n,n,n,n,n,n,n)	设置 3D 转换，使用 16 个值的 4×4 矩阵
translate(x,y)	设置 2D 转换
translate3d(x,y,z)	设置 3D 转换
translateX(x)	定义转换，只用 *X* 轴的值
translateY(y)	设置转换，只用 *Y* 轴的值
translateZ(z)	设置 3D 转换，只用 *Z* 轴的值
scale(x[,y]?)	设置 2D 缩放转换
scale3d(x,y,z)	设置 3D 缩放转换
scaleX(x)	通过设置 *X* 轴的值设置缩放转换
scaleY(y)	通过设置 *Y* 轴的值设置缩放转换
scaleZ(z)	通过设置 *Z* 轴的值设置缩放转换
rotate(angle)	设置 2D 旋转，在参数中规定角度
rotate3d(x,y,z,angle)	设置 3D 旋转
rotateX(angle)	设置沿着 *X* 轴的 3D 旋转
rotateY(angle)	设置沿着 *Y* 轴的 3D 旋转
rotateZ(angle)	设置沿着 *Z* 轴的 3D 旋转
skew(x-angle,y-angle)	设置沿着 *X* 和 *Y* 轴的 2D 倾斜转换
skewX(angle)	设置沿着 *X* 轴的 2D 倾斜转换
skewY(angle)	设置沿着 *Y* 轴的 2D 倾斜转换
perspective(n)	为 3D 转换标签定义透视视图

2. perspective 属性

perspective 属性主要用于设置 3D 标签与视图之间的距离，以像素为单位。perspective 属性允许改变 3D 标签是怎样查看透视图的。

在设置标签的 perspective 属性值时，其子标签会获得透视效果，标签本身不会。

perspective 属性的语法格式如下：

```
perspective: number | none;
```

参数说明如下。

- number：3D 标签与视图之间的距离，以像素为单位。

- none：默认值，与 0 相同，不设置 3D 标签与视图之间的距离，即没有透视效果。

3. perspective-origin 属性

perspective-origin 属性主要用于设置 3D 标签所基于的 *X* 轴和 *Y* 轴。perspective-origin 属性允许改变 3D 标签的底部位置。

在设置标签的 perspective-origin 属性值时，其子标签会获得透视效果，标签本身不会。

说明：

perspective-origin 属性必须与 perspective 属性一起使用，并且只影响 3D 转换标签。

---

perspective-origin 属性的语法格式如下：

```
perspective-origin: X轴上的位置  Y轴上的位置;
```

X 轴上的位置值有 left、center、right、length 和百分比。

- left：设置该视图位于 *X* 轴的左侧。
- center：设置该视图位于 *X* 轴的中间。
- right：设置该视图位于 *X* 轴的右侧。
- length：设置该视图在 *X* 轴上的位置为长度值，以像素为单位。
- 百分比：设置该视图在 *X* 轴上的位置为百分比。

Y 轴上的位置值有 top、center、bottom、length 和百分比。

- top：设置该视图位于 *Y* 轴的顶部。
- center：设置该视图位于 *Y* 轴的中间。
- bottom：设置该视图位于 *Y* 轴的底部。
- length：设置该视图在 *Y* 轴上的位置为长度值，以像素为单位。
- 百分比：设置该视图在 *Y* 轴上的位置为百分比。

4. transform-origin 属性

transform-origin 属性主要用于设置被转换标签的基点位置。

transform-origin 属性的语法格式如下：

```
transform-origin: X轴上的位置  Y轴上的位置  Z轴上的位置;
```

X 轴上的位置值有 left、center、right、length 和百分比。

- left：设置视图位于 *X* 轴的左侧。
- center：设置视图位于 *X* 轴的中间。
- right：设置视图位于 *X* 轴的右侧。
- length：设置视图在 *X* 轴上的位置为长度值，以像素为单位。
- 百分比：设置视图在 *X* 轴上的位置为百分比。

Y 轴上的位置值有 top、center、bottom、length 和百分比。

- top：设置视图位于 *Y* 轴的顶部。
- center：设置视图位于 *Y* 轴的中间。
- bottom：设置视图位于 *Y* 轴的底部。
- length：设置视图在 *Y* 轴上的位置为长度值，以像素为单位。
- 百分比：设置视图在 *Y* 轴上的位置为百分比。

Z 轴上的位置值为 length。length 表示设置视图在 *Z* 轴上的位置为长度值，以像素为单位。

示例代码如下：

```
<!DOCTYPE html>
<html>
  <head>
    <meta charset="utf-8" />
    <style type="text/css">
      html,body{
        margin:0px;
        padding:0px;
        width:100%;
        height:100%;
        background-color: #000000;
      }
      a{
        width: 15%;
        color:#fff;
        text-decoration:none;
      }
      ul{
        margin:0px;
        padding:0px;
        list-style-type:none;
      }
      /* 网站头 */
      .head{
        width:100%;
        height:56px;
        text-align: center;
        background: #000;
        color:#fff;
        opacity:0.7;
        position:fixed;
```

```
    top:0px;
    left:0px;
    z-index:999;
    display:flex;
    justify-content:center;
    background-image:url("res/htmlclassics/full/images/head_bg.png");
  }
  .head  div{
    line-height:56px;
    cursor: pointer;
    box-sizing: border-box;
  }
  .head div:hover {
    border-bottom: 1px solid #ffffff;
  }
  #mainDiv{
    width:100%;
    height:100%;
    position: absolute;
    left:0px;
    top:0px;
    z-index: 1;
    transition:all 0.5s ease-in-out;
  }
  /* 第 1 屏 */
  #page0{
    position:relative;
    width:100%;
    height:100%;
    overflow:hidden;
    display:flex;
    align-items:center;
    justify-content:center;
    background-image:url("res/htmlclassics/full/images/page1_right_
bg.png");
    background-repeat:no-repeat;
    background-position:right;
  }
  #page0_1{
    width:30%;
    transition:all 1s ease 1s;
  }
```

```
#page0_2{
  width:350px;
  margin-left:30px;
  transition:all 1s ease 1s;
}
#page0_2 h1,#page0_2 p{
  color:#9a9a9a;
  line-height:30px;
}
#page0_1 img{
  width:100%;
}
.enter #page0_1{
  transform:translatex(-100%);
  opacity:0;
}
.enter #page0_2{
  transform:translatex(100%);
  opacity:0;
}
/* 第2屏 */
#page1{
  position:relative;
  width:100%;
  height:100%;
  overflow:hidden;
  text-align: center;
  display:flex;
  align-items:center;
  justify-content:center;
  background-image:url("res/htmlclassics/full/images/page2_bg.png");
  background-repeat:no-repeat;
  background-position:center;
  background-size:cover;
}
 #page1_1{
  margin-left:auto;
  margin-right:auto;
  transition:all 1s ease 1s;
}
#page1_2{
  margin-top:70px;
```

```
    margin-left:auto;
    margin-right:auto;
    transition:all 1s ease 1s;
  }
  #page1_3{
    color:#fff;
    background: #282923;
    text-align: center;
    line-height: 360px;
    position:absolute;
    left:50%;
    top:50%;
    transform:translate(-50%,-50%);
    width:70%;
    height:360px;
    display: none;
  }
  #page1_3 video{
    width:100%;
    height:100%;
  }
  .enter #page1_1{
    transform:translatex(-100%);
    opacity:0;
  }
  .enter #page1_2{
    transform:translatex(100%);
    opacity:0;
  }
  /* 第3屏 */
  #page2{
    position:relative;
    top:0;
    width:100%;
    height:100%;
    text-align: center;
    overflow: hidden;
    display:flex;
    align-items:center;
    justify-content:center;
    background: #282923;
    color:#fff;
```

```
  background-image:url("res/htmlclassics/full/images/page3_bg.png");
}
#page2_ul{
  width:80%;
  height:80%;
  display:flex;
  align-items:center;
  justify-content:space-around;
}
li{
  position:relative;
  width:12%;
  height:100%;
  max-height:800px;
  border-radius:25px;
  background-color: #333333;
  overflow:hidden;
  cursor:pointer;
  transition:height 0.5s ease-in 0.5s,width 0.5s ease-in;
}
.closeBtn{
  position:absolute;
  right:30px;
  top:30px;
  opacity:0.5;
  display:none;
}
.bgDiv{
  width:100%;
  height:100%;
  max-height:800px;
  background-position:center;
  background-repeat:no-repeat;
  background-size:auto 100%;
  opacity:0.5;
  border-radius:25px;
}
.bgDiv:hover{
  opacity:1;
}
#li1 .bgDiv{
  background-image:url("res/htmlclassics/full/images/131.jpg");
```

```
    transition: transform 0.5s ease-in 1.1s;
}
#li2 .bgDiv{
    background-image:url("res/htmlclassics/full/images/132.jpg");
    transition: transform 0.5s ease-in 1.2s;
}
#li3 .bgDiv{
    background-image:url("res/htmlclassics/full/images/133.jpg");
    transition: transform 0.5s ease-in 1.3s;
}
#li4 .bgDiv{
    background-image:url("res/htmlclassics/full/images/134.jpg");
    transition: transform 0.5s ease-in 1.4s;
}
#li5 .bgDiv{
    background-image:url("res/htmlclassics/full/images/135.jpg");
    transition: transform 0.5s ease-in 1.5s;
}
#li6 .bgDiv{
    background-image:url("res/htmlclassics/full/images/136.jpg");
    transition: transform 0.5s ease-in 1.6s;
}
#li7 .bgDiv{
    background-image:url("res/htmlclassics/full/images/137.jpg");
    transition: transform 0.5s ease-in 1.7s;
}
#li8 .bgDiv{
    background-image:url("res/htmlclassics/full/images/138.jpg");
    transition: transform 0.5s ease-in 1.8s;
}
.active{
    width:100%;
}
.active .closeBtn{
    display:block;
}
.aaa li{
    transition: width 0.5s ease-in 0.5s, height 0.5s ease-in;
}
.aaa li:not(.active){
    height:0%;
    width:0%;
```

```
}
.aaa .bigDiv{
  opacity:1;
  transition:opacity 0.5s ease-in 0.5s;
}
.enter .bgDiv{
  transform:translateY(100%);
}
/* 第 4 屏 */
#page3{
  position:relative;
  top:0%;
  width:100%;
  height:100%;
  display:flex;
  align-items:center;
  justify-content:center;
}
 #page3_1{
  width:80%;
  margin-left:auto;
  margin-right:auto;
  transition:all 1s ease 1s;
}
#page3_2{
  width:20%;
  margin-left:auto;
  margin-right:auto;
  transition:all 1s ease 1s;
}
#page3_1 img, #page3_2 img{
  width:100%;
}
.enter #page3_1{
  transform:translatex(-100%);
  opacity:0;
}
.enter #page3_2{
  transform:translatex(100%);
  opacity:0;
}
/* 右侧的浮动按钮 */
```

```
    .btnList{
      width:50px;
      height:150px;
      position:absolute;
      right:50px;
      top:50%;
      transform:translatey(-50%);
      z-index:999;
      display:flex;
      align-items:center;
      justify-content:center;
    }
    .btnList li{
      width:20px;
      height:20px;
      margin-top:10px;
      border-radius:10px;
      background-color:#3D3D3D;
      cursor:pointer;
    }
    #_btn0{
      background-color:#10508D;
    }
  </style>
  <script type="text/javascript">
    var maxIndex = 3;
    //页面加载事件
    window.onload = function(){
      //设置每屏的入场动画
      for(var i=0;i<=maxIndex;i++){
        document.getElementById("page"+i).className = "enter";
      }
      //第 1～4 屏的入场动画
      document.getElementById("page0").className = "";
      document.getElementById("page1").className = "";
      document.getElementById("page2").className = "";
      document.getElementById("page3").className = "";
      //第 3 屏——每个<li>标签的 onclick 事件
      for(var i=1;i<=8;i++){
        document.getElementById("li"+i).onclick = function(){
          this.className = "active";
          document.getElementById("page2_ul").className = "aaa";
```

```
            }
          }
          //钢琴块，关闭按钮
          var closeBtnList = document.getElementsByClassName("closeBtn");
          for(var i=0;i<closeBtnList.length;i++){
            closeBtnList[i].onclick = function(e){
              e.stopPropagation();
              document.getElementsByClassName("active")[0].className = "";
              document.getElementById("page2_ul").className = "";
            }
          }
        }
      </script>
    </head>
    <body >
      <!-- 网站头 -->
      <div class="head">
        <a href="#"><div>网站首页</div></a>
        <a href="#"><div>在线课堂</div></a>
        <a href="#"><div>付费课程</div></a>
        <a href="#"><div>全站搜索</div></a>
      </div>
      <div id="mainDiv">
        <!-- 第 1 屏 -->
        <div id="page0" class="enter">
          <div id="page0_1">
            <img src="res/htmlclassics/full/images/page1_image.png" />
          </div>
          <div id="page0_2">
            <h1>故宫博物院</h1>
            <p>故宫博物院是中国明清两代的皇家宫殿，旧称紫禁城。故宫博物院以三大殿为中心，
占地面积 72 万平方米，建筑面积约 15 万平方米，有大小宫殿七十多座，房屋九千余间。</p>
            <p>故宫博物院于明成祖永乐四年（1406 年）开始建设，以南京故宫为蓝本营建，到永
乐十八年（1420 年）建成，成为明清两朝皇帝的皇宫。</p>
          </div>
        </div>
        <!-- 第 2 屏 -->
        <div id="page1" class="enter">
          <div>
            <div id="page1_1">
              <img src="res/htmlclassics/full/images/infinity.png" />
            </div>
```

```
          <div id="page1_2">
            <a href="#">
              <img src="res/htmlclassics/full/images/page2_btn.png" />
            </a>
          </div>
        </div>
        <div id="page1_3">
          <video id="vo" src="res/htmlclassics/full/video/avenger.mp4" controls=
"true"></video>
        </div>
      </div>
      <!-- 第 3 屏 -->
      <div id="page2" class="enter">
        <ul id="page2_ul">
          <li id="li1">
            <div class="bgDiv"></div>
            <img  class="closeBtn"  src="res/htmlclassics/full/images/close_
btn.png" />
          </li>
          <li id="li2">
            <div class="bgDiv"></div>
            <img  class="closeBtn"  src="res/htmlclassics/full/images/close_
btn.png" />
          </li>
          <li id="li3">
            <div class="bgDiv"></div>
            <img  class="closeBtn"  src="res/htmlclassics/full/images/close_
btn.png" />
          </li>
          <li id="li4">
            <div class="bgDiv"></div>
            <img  class="closeBtn"  src="res/htmlclassics/full/images/close_
btn.png" />
          </li>
          <li id="li5">
            <div class="bgDiv"></div>
            <img  class="closeBtn"  src="res/htmlclassics/full/images/close_
btn.png" />
          </li>
          <li id="li6">
            <div class="bgDiv"></div>
            <img  class="closeBtn"  src="res/htmlclassics/full/images/close_
```

```
btn.png" />
          </li>
          <li id="li7">
            <div class="bgDiv"></div>
            <img  class="closeBtn"  src="res/htmlclassics/full/images/close_
btn.png" />
          </li>
          <li id="li8">
            <div class="bgDiv"></div>
            <img  class="closeBtn"  src="res/htmlclassics/full/images/close_
btn.png" />
          </li>
        </ul>
      </div>
      <!-- 第 4 屏 -->
      <div id="page3" class="enter">
        <div>
          <div id="page3_1">
            <img src="res/htmlclassics/full/images/page4_bg.png">
          </div>
          <div id="page3_2">
            <img src="res/htmlclassics/full/images/page4_font.png" />
          </div>
        </div>
      </div>
    </div>
    <!-- 屏幕右侧浮动按钮 -->
    <div class="btnList">
      <ul>
        <li id="_btn0"></li>
        <li id="_btn1"></li>
        <li id="_btn2"></li>
        <li id="_btn3"></li>
      </ul>
    </div>
  </body>
</html>
```

代码讲解：

1）第 1 屏过渡效果。

```
#page0_1{
    width:30%;
```

```
    transition:all 1s ease 1s;
}
```

transition:all 1s ease 1s：设置标签的过渡效果时间为 1 秒，并且在 1 秒后执行。

```
#page0_2{
    width:350px;
    margin-left:30px;
    transition:all 1s ease 1s;
}
```

transition:all 1s ease 1s：设置标签的过渡效果时间为 1 秒，并且在 1 秒后执行。

```
.enter #page0_1{
    transform:translatex(-100%);
    opacity:0;
}
```

transform:translatex(-100%)：设置转换，沿 *X* 轴反方向平移 100%。

opacity:0：设置不透明度为 0。

```
.enter #page0_2{
    transform:translatex(100%);
    opacity:0;
}
```

transform:translatex(100%)：设置转换，沿 *X* 轴正方向平移 100%。

opacity:0：设置不透明度为 0。

2）第 2 屏过渡效果。

```
#page1_1{
    margin-left:auto;
    margin-right:auto;
    transition:all 1s ease 1s;
}
```

margin-left:auto：设置左外边距为自动，实际效果为居中显示。

margin-right:auto：设置右外边距为自动，实际效果为居中显示。

transition:all 1s ease 1s：设置标签的过渡效果时间为 1 秒，并且在 1 秒后执行。

```
#page1_2{
    margin-top:70px;
    margin-left:auto;
    margin-right:auto;
    transition:all 1s ease 1s;
}
```

margin-top:70px：设置上外边距为 70px。

margin-left:auto：设置左外边距为自动，实际效果为居中显示。

margin-right:auto：设置右外边距为自动，实际效果为居中显示。

transition:all 1s ease 1s：设置标签的过渡效果时间为 1 秒，并且在 1 秒后执行。

```
.enter #page1_1{
    transform:translatex(-100%);
    opacity:0;
}
```

transform:translatex(-100%)：设置转换，沿 *X* 轴反方向平移 100%。

opacity:0：设置不透明度为 0。

```
.enter #page1_2{
    transform:translatex(100%);
    opacity:0;
}
```

transform:translatex(100%)：设置转换，沿 *X* 轴正方向平移 100%。

opacity:0：设置不透明度为 0。

3）第 3 屏过渡效果。

```
li{
    position:relative;
    width:12%;
    height:100%;
    max-height:800px;
    border-radius:25px;
    background-color: #333333;
    overflow:hidden;
    cursor:pointer;
    transition:height 0.5s ease-in 0.5s,width 0.5s ease-in;
}
```

transition:height 0.5s ease-in 0.5s,width 0.5s ease-in：设置标签的 height 属性以慢速开始的过渡效果时间为 0.5 秒，并且在 0.5 秒后执行；设置标签的 width 属性以慢速开始的过渡效果时间为 0.5 秒。

```
#li1 .bgDiv{
    background-image:url("res/htmlclassics/full/images/131.jpg");
    transition: transform 0.5s ease-in 1.1s;
}
```

transition: transform 0.5s ease-in 1.1s：设置标签的 transform 属性以慢速开始的过渡效果时间为 0.5 秒，并且在 1.1 秒后执行。

```
.aaa li{
    transition: width 0.5s ease-in 0.5s, height 0.5s ease-in;
}
```

transition:width 0.5s ease-in 0.5s,height 0.5s ease-in：设置标签的 width 属性以慢速开始的过渡效果时间为 0.5 秒，并且在 0.5 秒后执行；设置标签的 height 属性以慢速开始的过渡效果时间为 0.5 秒。

```
.aaa li:not(.active){
    height:0%;
    width:0%;
}
```

.aaa li:not(.active)：选择 class 属性值为"aaa"的<li>标签，并且不包含 class 属性值为"active"的<li>标签。

```
.aaa .bigDiv{
    opacity:1;
    transition:opacity 0.5s ease-in 0.5s;
}
```

transition:opacity 0.5s ease-in 0.5s：设置标签的 opacity 属性以慢速开始的过渡效果时间为 0.5 秒，并且在 0.5 秒后执行。

4）第 4 屏过渡效果。

```
#page3_1{
    width:80%;
    margin-left:auto;
    margin-right:auto;
    transition:all 1s ease 1s;
}
```

transition:all 1s ease 1s：设置标签的过渡效果时间为 1 秒，并且在 1 秒后执行。

```
#page3_2{
    width:20%;
    margin-left:auto;
    margin-right:auto;
    transition:all 1s ease 1s;
}
```

transition:all 1s ease 1s：设置标签的过渡效果时间为 1 秒，并且在 1 秒后执行。

```
.enter #page3_1{
    transform:translatex(-100%);
    opacity:0;
}
```

transform:translatex(-100%)：设置转换，沿 *X* 轴反方向平移 100%。

opacity:0：设置不透明度为 0。

```
.enter #page3_2{
    transform:translatex(100%);
```

```
    opacity:0;
}
```

transform:translatex(100%)：设置转换，沿 X 轴正方向平移 100%。

opacity:0：设置不透明度为 0。

5）JavaScript 代码设置。

```
document.getElementById("page0").className = "";
```

第 1 屏的入场动画。

```
document.getElementById("page1").className = "";
```

第 2 屏的入场动画。

```
document.getElementById("page2").className = "";
```

第 3 屏的入场动画。

```
document.getElementById("page3").className = "";
```

第 4 屏的入场动画。

上述代码的运行效果如图 5-2 所示。

图 5-2　添加过渡效果示例的运行效果

步骤 2：实现切屏动画

【知识链接】切屏动画原理

以 4 张图片的全屏切屏动画为例，首先需要定义一个<div>标签，将其 width 属性值和 height 属性值均设置为 100%，即全屏显示。然后定义 4 个子标签，依次放入 4 张图片，并且设置图片的宽度、高度与父标签的宽度、高度相同，如图 5-3 所示。

将父标签整体向上移动一屏，会显示第 2 张图片，采用相同的方法显示第 3 张图片和第 4 张图片，即可实现切屏动画，如图 5-4 所示。

图 5-3　切屏动画原理一

图 5-4　切屏动画原理二

示例代码如下：

```
<!DOCTYPE html>
<html>
  <head>
    <meta charset="utf-8" />
    <style type="text/css">
```

```
html,body{
  margin:0px;
  padding:0px;
  width:100%;
  height:100%;
  background-color: #000000;
  overflow: hidden;
}
a{
  width: 15%;
  color:#fff;
  text-decoration:none;
}
ul{
  margin:0px;
  padding:0px;
  list-style-type:none;
}
/* 网站头 */
.head{
  width:100%;
  height:56px;
  text-align: center;
  background: #000;
  color:#fff;
  opacity:0.7;
  position:fixed;
  top:0px;
  left:0px;
  z-index:999;
  display:flex;
  justify-content:center;
  background-image:url("res/htmlclassics/full/images/head_bg.png");
}
.head  div{
  line-height:56px;
  cursor: pointer;
  box-sizing: border-box;
}
.head div:hover {
  border-bottom: 1px solid #ffffff;
}
```

```
        #mainDiv{
          width:100%;
          height:100%;
          position: absolute;
          left:0px;
          top:0px;
          z-index: 1;
          transition:all 0.5s ease-in-out;
        }
        /* 第 1 屏 */
        #page0{
          position:relative;
          width:100%;
          height:100%;
          overflow:hidden;
          display:flex;
          align-items:center;
          justify-content:center;
          background-image:url("res/htmlclassics/full/images/page1_right_
bg.png");
          background-repeat:no-repeat;
          background-position:right;
        }
        #page0_1{
          width:30%;
          transition:all 1s ease 1s;
        }
        #page0_2{
          width:350px;
          margin-left:30px;
          transition:all 1s ease 1s;
        }
        #page0_2 h1,#page0_2 p{
          color:#9a9a9a;
          line-height:30px;
        }
        #page0_1 img{
          width:100%;
        }
        .enter #page0_1{
          transform:translatex(-100%);
          opacity:0;
```

```
}
.enter #page0_2{
  transform:translatex(100%);
  opacity:0;
}
/* 第 2 屏 */
#page1{
  position:relative;
  width:100%;
  height:100%;
  overflow:hidden;
  text-align: center;
  display:flex;
  align-items:center;
  justify-content:center;
  background-image:url("res/htmlclassics/full/images/page2_bg.png");
  background-repeat:no-repeat;
  background-position:center;
  background-size:cover;
}
 #page1_1{
  margin-left:auto;
  margin-right:auto;
  transition:all 1s ease 1s;
}
#page1_2{
  margin-top:70px;
  margin-left:auto;
  margin-right:auto;
  transition:all 1s ease 1s;
}
#page1_3{
  color:#fff;
  background: #282923;
  text-align: center;
  line-height: 360px;
  position:absolute;
  left:50%;
  top:50%;
  transform:translate(-50%,-50%);
  width:70%;
  height:360px;
```

```
  display: none;
}
#page1_3 video{
  width:100%;
  height:100%;
}
.enter #page1_1{
  transform:translatex(-100%);
  opacity:0;
}
.enter #page1_2{
  transform:translatex(100%);
  opacity:0;
}
/* 第 3 屏 */
#page2{
  position:relative;
  top:0;
  width:100%;
  height:100%;
  text-align: center;
  overflow: hidden;
  display:flex;
  align-items:center;
  justify-content:center;
  background: #282923;
  color:#fff;
  background-image:url("res/htmlclassics/full/images/page3_bg.png");
}
 #page2_ul{
  width:80%;
  height:80%;
  display:flex;
  align-items:center;
  justify-content:space-around;
}
li{
  position:relative;
  width:12%;
  height:100%;
  max-height:800px;
  border-radius:25px;
```

```
    background-color: #333333;
    overflow:hidden;
    cursor:pointer;
    transition:height 0.5s ease-in 0.5s,width 0.5s ease-in;
  }
  .closeBtn{
    position:absolute;
    right:30px;
    top:30px;
    opacity:0.5;
    display:none;
  }
  .bgDiv{
    width:100%;
    height:100%;
    max-height:800px;
    background-position:center;
    background-repeat:no-repeat;
    background-size:auto 100%;
    opacity:0.5;
    border-radius:25px;
  }
  .bgDiv:hover{
    opacity:1;
  }
  #li1 .bgDiv{
    background-image:url("res/htmlclassics/full/images/131.jpg");
    transition: transform 0.5s ease-in 1.1s;
  }
  #li2 .bgDiv{
    background-image:url("res/htmlclassics/full/images/132.jpg");
    transition: transform 0.5s ease-in 1.2s;
  }
  #li3 .bgDiv{
    background-image:url("res/htmlclassics/full/images/133.jpg");
    transition: transform 0.5s ease-in 1.3s;
  }
  #li4 .bgDiv{
    background-image:url("res/htmlclassics/full/images/134.jpg");
    transition: transform 0.5s ease-in 1.4s;
  }
  #li5 .bgDiv{
```

```
    background-image:url("res/htmlclassics/full/images/135.jpg");
    transition: transform 0.5s ease-in 1.5s;
  }
  #li6 .bgDiv{
    background-image:url("res/htmlclassics/full/images/136.jpg");
    transition: transform 0.5s ease-in 1.6s;
  }
  #li7 .bgDiv{
    background-image:url("res/htmlclassics/full/images/137.jpg");
    transition: transform 0.5s ease-in 1.7s;
  }
  #li8 .bgDiv{
    background-image:url("res/htmlclassics/full/images/138.jpg");
    transition: transform 0.5s ease-in 1.8s;
  }
  .active{
    width:100%;
  }
  .active .closeBtn{
    display:block;
  }
  .aaa li{
    transition: width 0.5s ease-in 0.5s, height 0.5s ease-in;
  }
  .aaa li:not(.active){
    height:0%;
    width:0%;
  }
  .aaa .bigDiv{
    opacity:1;
    transition:opacity 0.5s ease-in 0.5s;
  }
  .enter .bgDiv{
    transform:translateY(100%);
  }
  /* 第 4 屏 */
  #page3{
    position:relative;
    top:0%;
    width:100%;
    height:100%;
    display:flex;
```

```
  align-items:center;
  justify-content:center;
}
 #page3_1{
  width:80%;
  margin-left:auto;
  margin-right:auto;
  transition:all 1s ease 1s;
}
#page3_2{
  width:20%;
  margin-left:auto;
  margin-right:auto;
  transition:all 1s ease 1s;
}
#page3_1 img, #page3_2 img{
  width:100%;
}
.enter #page3_1{
  transform:translatex(-100%);
  opacity:0;
}
.enter #page3_2{
  transform:translatex(100%);
  opacity:0;
}
/* 右侧的浮动按钮 */
.btnList{
  width:50px;
  height:150px;
  position:absolute;
  right:50px;
  top:50%;
  transform:translatey(-50%);
  z-index:999;
  display:flex;
  align-items:center;
  justify-content:center;
}
.btnList li{
  width:20px;
  height:20px;
```

```
        margin-top:10px;
        border-radius:10px;
        background-color:#3D3D3D;
        cursor:pointer;
      }
      #_btn0{
        background-color:#10508D;
      }
    </style>
    <script type="text/javascript">
      var maxIndex = 3;
      var index = 0;//设置当前显示第几屏，0 表示第 1 屏
      //页面加载事件
      window.onload = function(){
        //设置每屏的入场动画
        for(var i=0;i<=maxIndex;i++){
          document.getElementById("page"+i).className = "enter";
        }
        //第 1～4 屏的入场动画
        document.getElementById("page0").className = "";
        document.getElementById("page1").className = "";
        document.getElementById("page2").className = "";
        document.getElementById("page3").className = "";
        //第 3 屏——每个<li>标签的 onclick 事件
        for(var i=1;i<=8;i++){
          document.getElementById("li"+i).onclick = function(){
            this.className = "active";
            document.getElementById("page2_ul").className = "aaa";
            //document.getElementsByClassName("closeBtn")[0].style.display
= "block";
          }
        }
        //钢琴块，关闭按钮
        var closeBtnList = document.getElementsByClassName("closeBtn");
        for(var i=0;i<closeBtnList.length;i++){
          closeBtnList[i].onclick = function(e){
            e.stopPropagation();/*阻止事件冒泡*/
            document.getElementsByClassName("active")[0].className = "";
            document.getElementById("page2_ul").className = "";
          }
        }
        //右侧的浮动按钮，为<li>标签添加 onclick 事件
```

```
        for(var i=0;i<=3;i++){
          document.getElementById("_btn"+i).onclick = function(){
            index = this.id.replace("_btn","");//根据 id 属性值获取当前显示第几屏
            pageAnimate();
          }
        }
      }
      //设置显示第几屏，并且设置右侧浮动按钮的显示样式
      function pageAnimate(){
        var offsetHeight = document.body.offsetHeight;
        document.getElementById("mainDiv").style.top  =  -(offsetHeight  *
index)+"px";
        //设置右侧浮动按钮的显示样式
        for(var i=0;i<=3;i++){
          document.getElementById("_btn"+i).style.backgroundColor = "#3D3D3D";
        }
        document.getElementById("_btn"+index).style.backgroundColor        =
"#10508D";
      }
    </script>
  </head>
  <body >
    <!-- 网站头 -->
    <div class="head">
      <a href="#"><div>网站首页</div></a>
      <a href="#"><div>在线课堂</div></a>
      <a href="#"><div>付费课程</div></a>
      <a href="#"><div>全站搜索</div></a>
    </div>
    <div id="mainDiv">
      <!-- 第 1 屏 -->
      <div id="page0" class="enter">
        <div id="page0_1">
          <img src="res/htmlclassics/full/images/page1_image.png" />
        </div>
        <div id="page0_2">
          <h1>故宫博物院</h1>
          <p>故宫博物院是中国明清两代的皇家宫殿，旧称紫禁城。故宫博物院以三大殿为中心，
占地面积 72 万平方米，建筑面积约 15 万平方米，有大小宫殿七十多座，房屋九千余间。</p>
          <p>故宫博物院于明成祖永乐四年（1406 年）开始建设，以南京故宫为蓝本营建，到永
乐十八年（1420 年）建成，成为明清两朝皇帝的皇宫。</p>
        </div>
```

```
        </div>
        <!-- 第 2 屏 -->
        <div id="page1" class="enter">
          <div>
            <div id="page1_1">
              <img src="res/htmlclassics/full/images/infinity.png" />
            </div>
            <div id="page1_2">
              <a href="#">
                <img src="res/htmlclassics/full/images/page2_btn.png" />
              </a>
            </div>
          </div>
          <div id="page1_3">
            <video   id="vo"   src="res/htmlclassics/full/video/avenger.mp4"
controls="true"></video>
          </div>
        </div>
        <!-- 第 3 屏 -->
        <div id="page2" class="enter">
          <ul id="page2_ul">
            <li id="li1">
              <div class="bgDiv"></div>
              <img  class="closeBtn"  src="res/htmlclassics/full/images/close_
btn.png" />
            </li>
            <li id="li2">
              <div class="bgDiv"></div>
              <img  class="closeBtn"  src="res/htmlclassics/full/images/close_
btn.png" />
            </li>
            <li id="li3">
              <div class="bgDiv"></div>
              <img  class="closeBtn"  src="res/htmlclassics/full/images/close_
btn.png" />
            </li>
            <li id="li4">
              <div class="bgDiv"></div>
              <img  class="closeBtn"  src="res/htmlclassics/full/images/close_
btn.png" />
            </li>
            <li id="li5">
```

```
          <div class="bgDiv"></div>
          <img  class="closeBtn"  src="res/htmlclassics/full/images/close_
btn.png" />
        </li>
        <li id="li6">
          <div class="bgDiv"></div>
          <img  class="closeBtn"  src="res/htmlclassics/full/images/close_
btn.png" />
        </li>
        <li id="li7">
          <div class="bgDiv"></div>
          <img  class="closeBtn"  src="res/htmlclassics/full/images/close_
btn.png" />
        </li>
        <li id="li8">
          <div class="bgDiv"></div>
          <img  class="closeBtn"  src="res/htmlclassics/full/images/close_
btn.png" />
        </li>
      </ul>
    </div>
    <!-- 第 4 屏 -->
    <div id="page3" class="enter">
      <div>
        <div id="page3_1">
          <img src="res/htmlclassics/full/images/page4_bg.png">
        </div>
        <div id="page3_2">
          <img src="res/htmlclassics/full/images/page4_font.png" />
        </div>
      </div>
    </div>
  </div>
  <!-- 屏幕右侧浮动按钮 -->
  <div class="btnList">
    <ul>
      <li id="_btn0"></li>
      <li id="_btn1"></li>
      <li id="_btn2"></li>
      <li id="_btn3"></li>
    </ul>
  </div>
```

```
  </body>
</html>
```

代码讲解：

1）CSS 代码设置。

```
html,body{
    margin:0px;
    padding:0px;
    width:100%;
    height:100%;
    background-color: #000000;
    overflow: hidden;
}
```

overflow: hidden：全屏显示不会有滚动条，将多余部分隐藏。

2）JavaScript 代码设置。

① 设置当前显示屏变量。

```
var index = 0;
```

设置当前显示第几屏，0 表示第 1 屏。

② 给右侧浮动按钮添加 onclick 事件。

```
for(var i=0;i<=3;i++){
   document.getElementById("_btn"+i).onclick = function(){
       index = this.id.replace("_btn","");
       pageAnimate();
   }
}
```

document.getElementById("_btn"+i).onclick = function()：给右侧的浮动按钮添加 onclick 事件。

index = this.id.replace("_btn","")：根据 id 属性值获取当前显示第几屏。

pageAnimate()：执行显示操作。

③ 显示动画。

```
function pageAnimate(){
   var offsetHeight = document.body.offsetHeight;
   document.getElementById("mainDiv").style.top = -(offsetHeight * index)
+"px";
   //设置右侧浮动按钮的显示样式
   for(var i=0;i<=3;i++){
     document.getElementById("_btn"+i).style.backgroundColor = "#3D3D3D";
     }
   document.getElementById("_btn"+index).style.backgroundColor="#10508D";
}
```

document.getElementById("mainDiv").style.top = -(offsetHeight * index)+"px"：设置显示位置。

document.getElementById("_btn"+i).style.backgroundColor = "#3D3D3D"：设置右侧浮动按钮的显示样式。

document.getElementById("_btn"+index).style.backgroundColor = "#10508D"：设置当前被单击的按钮样式。

上述代码的运行效果如图 5-5 所示。

图 5-5　实现切屏动画示例的运行效果

步骤 3：添加动画效果

【知识链接】动画效果

1. 定义场景

定义场景的第 1 种语法格式如下：

```
@keyframes 场景名称 {
    from{
        样式名:值;
        ……
    }
    to{
        样式名:值;
        ……
    }
}
```

说明：

- from 主要用于设置动画开始前的样式。
- to 主要用于设置动画结束后的样式。

定义场景的第 2 种语法格式如下：

```
@keyframes 场景名称 {
    0%{
        样式名:值;
        ……
    }
    50%{
        样式名:值;
        ……
    }
    100%{
        样式名:值;
        ……
    }
}
```

说明：

- 0%主要用于设置动画开始前的样式。
- 50%主要用于设置动画进行一半时的样式。
- 100%主要用于设置动画结束后的样式。

2. 定义动画

定义动画的语法格式如下：

```
animation:场景名称 | 播放时长 | 动画类型 | 动画延迟 | 播放次数 | 反向播放 | 静时样式 | 是否暂停;
```

说明：

- 场景名称：设置要绑定选择器的关键帧名称。
- 播放时长：设置完成动画需要的时间，单位为秒（s）或毫秒（ms）。默认值是 0。
- 动画类型：设置动画要如何完成一个周期，其值如下。
  - linear：动画从头到尾的速度是相同的。
  - ease：默认值。动画以低速开始，然后加快，在结束前变慢。
  - ease-in：动画以低速开始。
  - ease-out：动画以低速结束。
  - ease-in-out：动画以低速开始和结束。
- 动画延迟：设置动画在启动前的延迟间隔，单位为秒（s）或毫秒（ms）。
- 播放次数：定义动画的播放次数。其值可以是数字和 infinite，infinite 表示无限次播放。

- 反向播放：设置是否轮流反向播放动画。
  - normal：默认值。动画正向播放。
  - reverse：动画反向播放。
  - alternate：动画在奇数（1、3、5...）次正向播放，在偶数（2、4、6...）次反向播放。
  - alternate-reverse：动画在奇数（1、3、5...）次反向播放，在偶数（2、4、6...）次正向播放。
- 静时样式：设置动画在不播放时（当动画完成或有一个延迟未开始播放时）应用的标签样式。
- 是否暂停：设置动画是否暂停。
  - paused：设置动画暂停。
  - running：设置动画正在播放。

示例代码如下：

```
<!DOCTYPE html>
<html>
  <head>
    <meta charset="utf-8" />
    <style type="text/css">
      html,body{
        margin:0px;
        padding:0px;
        width:100%;
        height:100%;
        background-color: #000000;
        overflow: hidden;
      }
      a{
        width: 15%;
        color:#fff;
        text-decoration:none;
      }
      ul{
        margin:0px;
        padding:0px;
        list-style-type:none;
      }
      /* 网站头 */
      .head{
        width:100%;
```

```
        height:56px;
        text-align: center;
        background: #000;
        color:#fff;
        opacity:0.7;
        position:fixed;
        top:0px;
        left:0px;
        z-index:999;
        display:flex;
        justify-content:center;
        background-image:url("res/htmlclassics/full/images/head_bg.png");
      }
      .head  div{
        line-height:56px;
        cursor: pointer;
        box-sizing: border-box;
      }
      .head div:hover {
        border-bottom: 1px solid #ffffff;
      }
      #mainDiv{
        width:100%;
        height:100%;
        position: absolute;
        left:0px;
        top:0px;
        z-index: 1;
        transition:all 0.5s ease-in-out;
      }
      /* 第1屏 */
      #page0{
        position:relative;
        width:100%;
        height:100%;
        overflow:hidden;
        display:flex;
        align-items:center;
        justify-content:center;
        background-image:url("res/htmlclassics/full/images/page1_right_
bg.png");
        background-repeat:no-repeat;
```

```
  background-position:right;
}
#page0_1{
  width:30%;
  transition:all 1s ease 1s;
}
#page0_2{
  width:350px;
  margin-left:30px;
  transition:all 1s ease 1s;
}
#page0_2 h1,#page0_2 p{
  color:#9a9a9a;
  line-height:30px;
}
#page0_1 img{
  width:100%;
}
.enter #page0_1{
  transform:translatex(-100%);
  opacity:0;
}
.enter #page0_2{
  transform:translatex(100%);
  opacity:0;
}
/* 第 2 屏 */
#page1{
  position:relative;
  width:100%;
  height:100%;
  overflow:hidden;
  text-align: center;
  display:flex;
  align-items:center;
  justify-content:center;
  background-image:url("res/htmlclassics/full/images/page2_bg.png");
  background-repeat:no-repeat;
  background-position:center;
  background-size:cover;
}
 #page1_1{
```

```
  margin-left:auto;
  margin-right:auto;
  transition:all 1s ease 1s;
}
#page1_2{
  margin-top:70px;
  margin-left:auto;
  margin-right:auto;
  transition:all 1s ease 1s;
}
#page1_3{
  color:#fff;
  background: #282923;
  text-align: center;
  line-height: 360px;
  position:absolute;
  left:50%;
  top:50%;
  transform:translate(-50%,-50%);
  width:70%;
  height:360px;
  display: none;
}
#page1_3 video{
  width:100%;
  height:100%;
}
.enter #page1_1{
  transform:translatex(-100%);
  opacity:0;
}
.enter #page1_2{
  transform:translatex(100%);
  opacity:0;
}
/* 第3屏 */
#page2{
  position:relative;
  top:0;
  width:100%;
  height:100%;
  text-align: center;
```

```
    overflow: hidden;
    display:flex;
    align-items:center;
    justify-content:center;
    background: #282923;
    color:#fff;
    background-image:url("res/htmlclassics/full/images/page3_bg.png");
  }
  #page2_ul{
    width:80%;
    height:80%;
    display:flex;
    align-items:center;
    justify-content:space-around;
  }
  li{
    position:relative;
    width:12%;
    height:100%;
    max-height:800px;
    border-radius:25px;
    background-color: #333333;
    overflow:hidden;
    cursor:pointer;
    transition:height 0.5s ease-in 0.5s,width 0.5s ease-in;
  }
  .closeBtn{
    position:absolute;
    right:30px;
    top:30px;
    opacity:0.5;
    display:none;
  }
  .bgDiv{
    width:100%;
    height:100%;
    max-height:800px;
    background-position:center;
    background-repeat:no-repeat;
    background-size:auto 100%;
    opacity:0.5;
    border-radius:25px;
```

```
}
.bgDiv:hover{
  opacity:1;
}
#li1 .bgDiv{
  background-image:url("res/htmlclassics/full/images/131.jpg");
  transition: transform 0.5s ease-in 1.1s;
}
#li2 .bgDiv{
  background-image:url("res/htmlclassics/full/images/132.jpg");
  transition: transform 0.5s ease-in 1.2s;
}
#li3 .bgDiv{
  background-image:url("res/htmlclassics/full/images/133.jpg");
  transition: transform 0.5s ease-in 1.3s;
}
#li4 .bgDiv{
  background-image:url("res/htmlclassics/full/images/134.jpg");
  transition: transform 0.5s ease-in 1.4s;
}
#li5 .bgDiv{
  background-image:url("res/htmlclassics/full/images/135.jpg");
  transition: transform 0.5s ease-in 1.5s;
}
#li6 .bgDiv{
  background-image:url("res/htmlclassics/full/images/136.jpg");
  transition: transform 0.5s ease-in 1.6s;
}
#li7 .bgDiv{
  background-image:url("res/htmlclassics/full/images/137.jpg");
  transition: transform 0.5s ease-in 1.7s;
}
#li8 .bgDiv{
  background-image:url("res/htmlclassics/full/images/138.jpg");
  transition: transform 0.5s ease-in 1.8s;
}
.active{
  width:100%;
}
.active .closeBtn{
  display:block;
}
```

```
.aaa li{
  transition: width 0.5s ease-in 0.5s, height 0.5s ease-in;
}
.aaa li:not(.active){
  height:0%;
  width:0%;
}
.aaa .bigDiv{
  opacity:1;
  transition:opacity 0.5s ease-in 0.5s;
}
.enter .bgDiv{
  transform:translateY(100%);
}
/* 第 3 屏，星星动画 */
@keyframes star{
  0%{width:0px;height:0px;opacity:0}
    50%{width:18px;height:28px;opacity:1}
    100%{width:0px;height:0px;opacity:0}
}
.starAnimation{
  position: absolute;
  animation:star 1s ease-in-out;
  opacity:0;
  animation-iteration-count:infinite;
}
/* 第 4 屏 */
#page3{
  position:relative;
  top:0%;
  width:100%;
  height:100%;
  display:flex;
  align-items:center;
  justify-content:center;
}
 #page3_1{
  width:80%;
  margin-left:auto;
  margin-right:auto;
  transition:all 1s ease 1s;
}
```

```
#page3_2{
  width:20%;
  margin-left:auto;
  margin-right:auto;
  transition:all 1s ease 1s;
}
#page3_1 img, #page3_2 img{
  width:100%;
}
.enter #page3_1{
  transform:translatex(-100%);
  opacity:0;
}
.enter #page3_2{
  transform:translatex(100%);
  opacity:0;
}

/* 右侧的浮动按钮 */
.btnList{
  width:50px;
  height:150px;
  position:absolute;
  right:50px;
  top:50%;
  transform:translatey(-50%);
  z-index:999;
  display:flex;
  align-items:center;
  justify-content:center;
}
.btnList li{
  width:20px;
  height:20px;
  margin-top:10px;
  border-radius:10px;
  background-color:#3D3D3D;
  cursor:pointer;
}
#_btn0{
  background-color:#10508D;
}
```

```
    </style>
    <script type="text/javascript">
      var maxIndex = 3;
      var index = 0;//设置当前显示第几屏，0 表示第 1 屏
      //页面加载事件
      window.onload = function(){
        //设置每屏的入场动画
        for(var i=0;i<=maxIndex;i++){
          document.getElementById("page"+i).className = "enter";
        }

        //第 1～4 屏的入场动画
        document.getElementById("page0").className = "";
        document.getElementById("page1").className = "";
        document.getElementById("page2").className = "";
        document.getElementById("page3").className = "";

        //第 3 屏——每个<li>标签的 onclick 事件
        for(var i=1;i<=8;i++){
          document.getElementById("li"+i).onclick = function(){
            this.className = "active";
            document.getElementById("page2_ul").className = "aaa";
            //document.getElementsByClassName("closeBtn")[0].style.display
= "block";
          }
        }
        //钢琴块，关闭按钮
        var closeBtnList = document.getElementsByClassName("closeBtn");
        for(var i=0;i<closeBtnList.length;i++){
          closeBtnList[i].onclick = function(e){
            e.stopPropagation();/*阻止事件冒泡*/
            document.getElementsByClassName("active")[0].className = "";
            document.getElementById("page2_ul").className = "";
          }
        }

        //右侧的浮动按钮，为<li>标签添加 onclick 事件
        for(var i=0;i<=3;i++){
          document.getElementById("_btn"+i).onclick = function(){
            index = this.id.replace("_btn","");//根据 id 属性值获取当前显示第几屏
            pageAnimate();
          }
```

```
            }
        }
        //设置显示第几屏，并且设置右侧浮动按钮的显示样式
        function pageAnimate(){
          var offsetHeight = document.body.offsetHeight;
          document.getElementById("mainDiv").style.top = -(offsetHeight *
index)+"px";
          //设置右侧浮动按钮的显示样式
          for(var i=0;i<=3;i++){
            document.getElementById("_btn"+i).style.backgroundColor =
"#3D3D3D";
          }
          document.getElementById("_btn"+index).style.backgroundColor =
"#10508D";
        }
      </script>
    </head>
    <body >
      <!-- 网站头 -->
      <div class="head">
        <a href="#"><div>首页</div></a>
        <a href="#"><div>中华武术</div></a>
        <a href="#"><div>地域文化</div></a>
        <a href="#"><div>中华武术</div></a>
      </div>
      <div id="mainDiv">
        <!-- 第1屏 -->
        <div id="page0" class="enter">
          <div id="page0_1">
            <img src="res/htmlclassics/full/images/page1_image.png" />
          </div>
          <div id="page0_2">
            <h1>故宫博物院</h1>
            <p>故宫博物院是中国明清两代的皇家宫殿，旧称紫禁城。故宫博物院以三大殿为中心，
占地面积72万平方米，建筑面积约15万平方米，有大小宫殿七十多座，房屋九千余间。</p>
            <p>故宫博物院于明成祖永乐四年（1406年）开始建设，以南京故宫为蓝本营建，到永
乐十八年（1420年）建成，成为明清两朝皇帝的皇宫。</p>
          </div>
        </div>
        <!-- 第2屏 -->
        <div id="page1" class="enter">
          <div>
```

```
          <div id="page1_1">
            <img src="res/htmlclassics/full/images/infinity.png" />
          </div>
          <div id="page1_2">
            <a href="#">
              <img src="res/htmlclassics/full/images/page2_btn.png" />
            </a>
          </div>
        </div>
        <div id="page1_3">
          <video id="vo" src="res/htmlclassics/full/video/avenger.mp4" controls
="true"></video>
        </div>

      </div>
      <!-- 第3屏 -->
      <div id="page2" class="enter">
        <ul id="page2_ul">
          <li id="li1">
            <div class="bgDiv"></div>
            <img  class="closeBtn"  src="res/htmlclassics/full/images/close_
btn.png" />
          </li>
          <li id="li2">
            <div class="bgDiv"></div>
            <img  class="closeBtn"  src="res/htmlclassics/full/images/close_
btn.png" />
          </li>
          <li id="li3">
            <div class="bgDiv"></div>
            <img  class="closeBtn"  src="res/htmlclassics/full/images/close_
btn.png" />
          </li>
          <li id="li4">
            <div class="bgDiv"></div>
            <img  class="closeBtn"  src="res/htmlclassics/full/images/close_
btn.png" />
          </li>
          <li id="li5">
            <div class="bgDiv"></div>
            <img  class="closeBtn"  src="res/htmlclassics/full/images/close_
btn.png" />
```

```
          </li>
          <li id="li6">
            <div class="bgDiv"></div>
            <img  class="closeBtn"  src="res/htmlclassics/full/images/close_
btn.png" />
          </li>
          <li id="li7">
            <div class="bgDiv"></div>
            <img  class="closeBtn"  src="res/htmlclassics/full/images/close_
btn.png" />
          </li>
          <li id="li8">
            <div class="bgDiv"></div>
            <img  class="closeBtn"  src="res/htmlclassics/full/images/close_
btn.png" />
          </li>
        </ul>
        <!--星星 -->
        <div  class="starAnimation"  style="top:300px;left:350px"><img  src=
'res/htmlclassics/full/images/star.png' /></div>
        <div  class="starAnimation"  style="top:200px;left:450px"><img  src=
'res/htmlclassics/full/images/star.png' /></div>
        <div  class="starAnimation"  style="top:100px;left:550px"><img  src=
'res/htmlclassics/full/images/star.png' /></div>
        <div  class="starAnimation"  style="top:360px;left:450px"><img  src=
'res/htmlclassics/full/images/star.png' /></div>
        <div  class="starAnimation"  style="top:150px;left:150px"><img  src=
'res/htmlclassics/full/images/star.png' /></div>
        <div  class="starAnimation"  style="top:250px;left:250px"><img  src=
'res/htmlclassics/full/images/star.png' /></div>
      </div>
      <!-- 第 4 屏 -->
      <div id="page3" class="enter">
        <div>
          <div id="page3_1">
            <img src="res/htmlclassics/full/images/page4_bg.png">
          </div>
          <div id="page3_2">
            <img src="res/htmlclassics/full/images/page4_font.png" />
          </div>
        </div>
      </div>
```

```
    </div>
    <!-- 屏幕右侧浮动按钮 -->
    <div class="btnList">
      <ul>
        <li id="_btn0"></li>
        <li id="_btn1"></li>
        <li id="_btn2"></li>
        <li id="_btn3"></li>
      </ul>
    </div>
  </body>
</html>
```

代码讲解：

1）定义动画。

```
.starAnimation{
    position: absolute;
    animation:star 1s ease-in-out;
    opacity:0;
    animation-iteration-count:infinite;
}
```

animation:star 1s ease-in-out：设置动画场景名称为 star，播放时长为 1 秒。

animation-iteration-count:infinite：设置动画无限次播放。

2）定义场景。

```
@keyframes star{
    0%{width:0px;height:0px;opacity:0}
    50%{width:18px;height:28px;opacity:1}
    100%{width:0px;height:0px;opacity:0}
}
```

@keyframes star：设置动画场景名称为 star。

0%{width:0px;height:0px;opacity:0}：设置在动画开始时，标签的宽度为 0px、高度为 0px、不透明度为 0。

50%{width:18px;height:28px;opacity:1}：设置在动画播放一半时，标签的宽度为 18px、高度为 28px、不透明度为 1。

100%{width:0px;height:0px;opacity:0}：设置在动画结束时，标签的宽度为 0px、高度为 0px、不透明度为 0。

上述代码的运行效果如图 5-6 所示。

图 5-6　添加动画效果示例的运行效果

拓展练习

运用所学知识，完成以下拓展练习。

拓展 1：进度条特效

进度条特效的效果如图 5-7 所示。

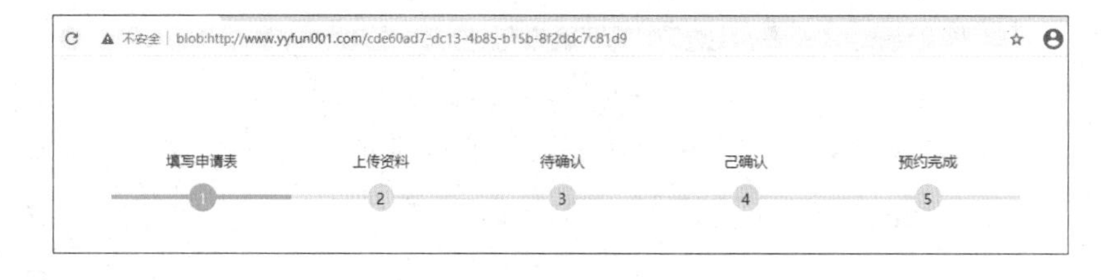

图 5-7　进度条特效的效果

要求：

1. 参照效果图完成练习。
2. 给进度条上的 5 个数字分别添加 onclick 事件，用于设置进度条的显示进度。

在线做题：

打开浏览器并输入指定地址，在线完成本道练习题。

实训链接：http://www.hxedu.com.cn/Resource/OS/AR/zz/zxy/202103636/6.html

实训码：3b01fcab

拓展 2：图片轮播特效

图片轮播特效的效果如图 5-8 所示。

要求：

1. 参照效果图完成练习。
2. 给左、右箭头添加 onclick 事件，用于切换显示的图片。

在线做题：

打开浏览器并输入指定地址，在线完成本道练习题。

实训链接：http://www.hxedu.com.cn/Resource/OS/AR/zz/zxy/202103636/6.html

实训码：539b2966

拓展 3：车轮旋转动画

车轮旋转动画的效果如图 5-9 所示。

图 5-8 图片轮播特效的效果

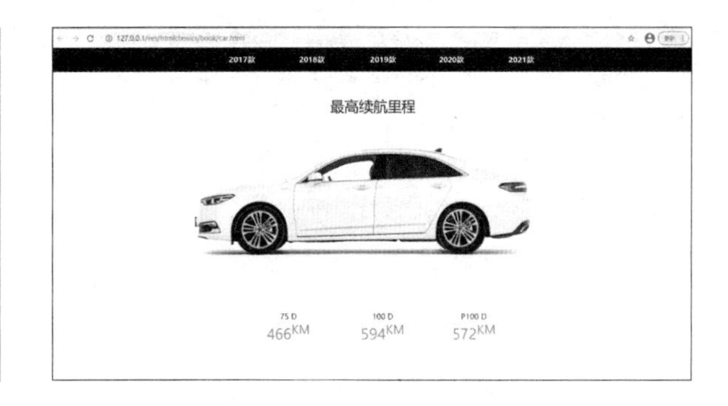

图 5-9 车轮旋转动画的效果

要求：

1. 参照效果图完成练习。
2. 给两个车轮添加动画效果，使车轮能够转动。

在线做题：

打开浏览器并输入指定地址，在线完成本道练习题。

实训链接：http://www.hxedu.com.cn/Resource/OS/AR/zz/zxy/202103636/6.html

实训码：2c5d8c46

测验评价

评价标准：

采 分 点	教师评分（0~5 分）	自评（0~5 分）	互评（0~5 分）
1. 添加过渡效果（过渡效果、3D 动画） 2. 实现切屏动画（切屏动画原理） 3. 添加动画效果（动画效果）			

模块 6

实现更多交互事件

情景导入

表单验证、添加帧频动画、添加标签和删除标签是网站开发中常见的交互事件。表单验证包含获取表单对象、操纵表单元素、焦点事件等内容，帧频动画包含 JavaScript 帧频、定时器等内容，添加和删除标签是指使用 JavaScript 代码对 HTML 标签进行操作。下面使用 HTML+CSS+JavaScript 实现更多交互事件。实现交互事件的表单如图 6-1 所示。

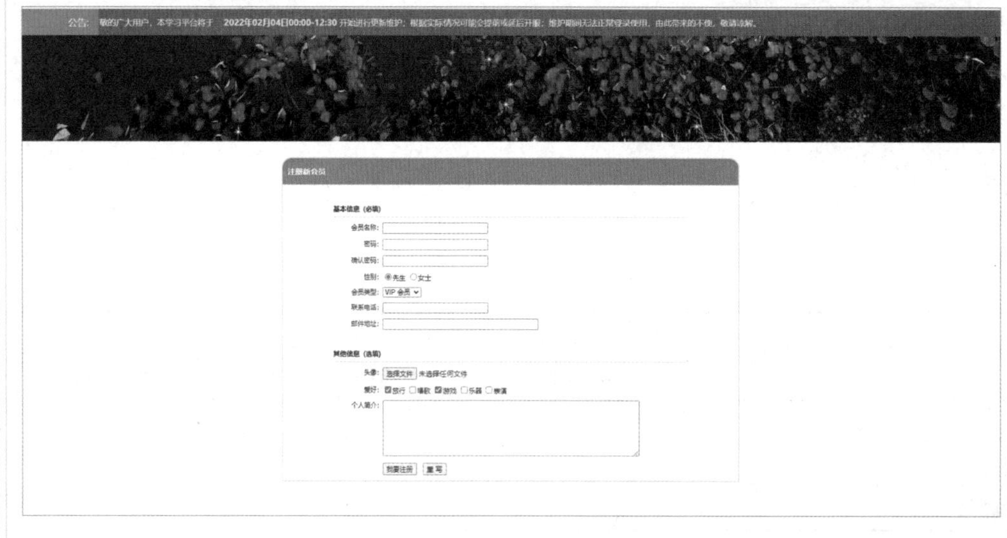

图 6-1　实现交互事件的表单

任务分析

通常使用 index.html 文件实现，可以使用 JavaScript 事件、JavaScript 帧频、定时器等操纵 HTML 标签，从而实现图 6-1 中的页面效果。

制作图 6-1 中实现交互事件的表单，在整体的实现上，可以划分为以下 4 个步骤。

（1）实现表单验证功能。

（2）添加帧频动画。

（3）添加、删除标签。

（4）使用其他控制事件。

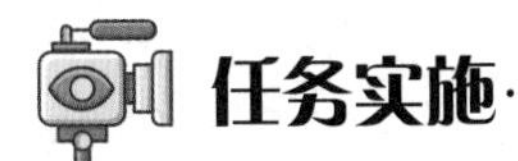

任务实施

步骤 1：实现表单验证功能

【知识链接】获取表单对象

获取表单对象的语法格式如下：

```
var 变量名 = document.getElementsByName("表单对象 name");
var 变量名 = document.getElementById("表单对象 id");
```

说明：

- document.getElementsByName("表单对象 name")：根据表单对象的名称获取表单对象。
- document.getElementById("表单对象 id")：根据表单对象的 id 属性值获取表单对象。

示例代码如下：

```
<!DOCTYPE html>
<html>
<head>
<meta charset="utf-8" />
</head>
<body>
   <form action="" method="get" name="form1"></form>
   <form action="" method="get" id="form1"></form>
   <script type="text/javascript">
      var formOb1 = document.getElementsByName("form1");
      var formOb2 = document.getElementById("form1");
      alert(formOb1+formOb2);
  </script>
```

```
</body>
</html>
```

代码讲解：

1）根据表单对象的名称获取表单对象。

```
var formOb1 = document.getElementsByName("form1");
```

2）根据表单对象的 id 属性值获取表单对象。

```
var formOb2 = document.getElementById("form1");
```

上述代码的运行效果如图 6-2 所示。

图 6-2　获取表单对象示例的运行效果

【知识链接】操纵表单元素

操纵表单元素的语法格式如下：

```
document.表单名.表单元素名.属性名="值";
```

根据表单名、表单元素名设置表单元素的属性值。

```
document.表单名.表单元素名.style.样式名="值";
```

根据表单名、表单元素名设置表单元素的样式。

```
document.getElementById("id").属性名="值";
```

根据表单元素的 id 属性值设置表单元素的其他属性值。

```
document.getElementById("id").style.样式名="值";
```

根据表单元素的 id 属性值设置表单元素的样式。

示例代码如下：

```
<!DOCTYPE html>
<html>
<head>
<title></title>
<meta charset="utf-8" />
</head>
<body>
    <form action="" method="get" name="form1" id="form1">
        姓名：<input type="text" name="userName" /><br />
        年龄：<input type="text" id="age" /><br />
    </form>
    <script type="text/javascript">
```

```
        document.form1.userName.value="abc";
        document.form1.userName.style.fontSize="20px";
        document.getElementById("age").value="23";
        document.getElementById("age").style.color="green";
    </script>
</body>
</html>
```

代码讲解：

1）根据表单元素名设置表单元素的属性值和样式。

```
document.form1.userName.value="abc";
```

根据表单名、表单元素名设置表单元素的 value 属性值为"abc"。

```
document.form1.userName.style.fontSize="20px";
```

根据表单名、表单元素名设置表单元素的文本字号为 20px。

2）根据表单元素的 id 属性值设置表单元素的其他属性值。

```
document.getElementById("age").value="23";
```

设置 id 属性值为"age"的表单元素的 value 属性值为"23"。

```
document.getElementById("age").style.color="green";
```

设置 id 属性值为"age"的表单元素的文本颜色为绿色。

上述代码的运行效果如图 6-3 所示。

图 6-3　操纵表单元素示例的运行效果

【知识链接】焦点事件

焦点事件的语法格式如下：

```
<input type="text" id="userName" value="输入姓名" onfocus="函数名()" onblur="
函数名()" />
```

说明：

- onfocus="函数名()"：在表单元素获得焦点后执行指定函数。
- onblur="函数名()"：在表单元素失去焦点后执行指定函数。

示例代码如下：

```
<!DOCTYPE html>
<html>
<head>
<meta charset="utf-8" />
```

```
</head>
<body>
  <form action="" method="get" name="form1" id="form1">
    姓名:<input type="text" id="userName" value="输入姓名" onfocus= "func1()"
onblur="func2()" /><br />
    年龄: <input type="text" id="age" value="输入年龄" /><br />
          <input type="submit" />
  </form>

  <script type="text/javascript">
    function func1(){
      document.getElementById("userName").value = "";
    }
    function func2(){
      var userName = document.getElementById("userName").value;
      alert("姓名: " + userName);
    }
  </script>
</body>
</html>
```

代码讲解:

1)在 id 属性值为"userName"的表单元素获得焦点后执行的函数。

```
function func1(){
  document.getElementById("userName").value = "";
}
```

document.getElementById("userName").value = "": 设置 id 属性值为"userName"的表单元素的 value 属性值为空字符串。

2)在 id 属性值为"userName"的表单元素失去焦点后执行的函数。

```
function func2(){
  var userName = document.getElementById("userName").value;
  alert("姓名: " + userName);
}
```

var userName = document.getElementById("userName").value: 获取 id 属性值为"userName"的表单元素的 value 属性值。

上述代码的运行效果如图 6-4 所示。

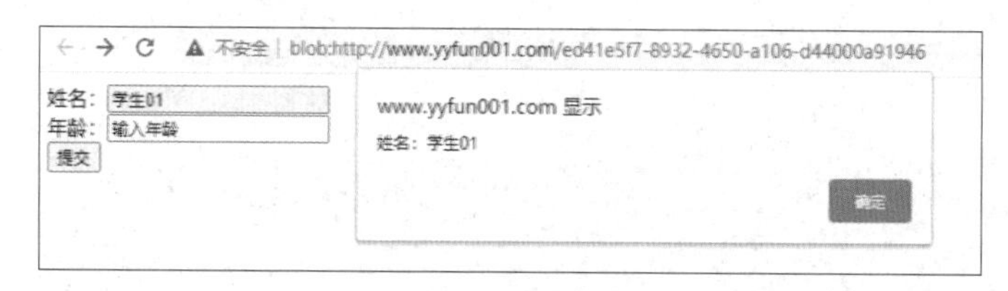

图 6-4　焦点事件示例的运行效果

【知识链接】表单验证

示例代码如下：

```
<!DOCTYPE html>
<html>
  <head>
    <meta charset="utf-8" />
    <style type="text/css">
      html,body{
        width:100%;
        height:100%;
        margin:0;
      }
      .head{
        width:100%;
        height: 50px;
        display: flex;
        justify-content: flex-start;
        overflow: hidden;
      }
      .head_left{
        width:150px;
        background: #607d8b;
        color:#fff;
        line-height: 50px;
        font-size: 18px;
        text-align: right;
        padding-right: 20px;
        z-index: 1;
        box-sizing: border-box;
      }
      .head_right{
        width:calc(100% - 150px);
        background: #795548;
        color:#fff;
        font-size: 16px;
        text-align: center;
      }
      #text{
        width:100%;
        line-height: 50px;
```

```
  position: relative;
}
#text span{
  color:yellow;
  font-weight: bold;
 }
#banner{
  width:100%;
  height: 200px;
  background-color:#000000;
  position: relative;
  background: url(res/htmlclassics/full/images/138.jpg);
  overflow:hidden;
}
/* 第 3 屏，星星动画 */
@keyframes star{
  0%{width:0px;height:0px;opacity:0}
    50%{width:18px;height:28px;opacity:1}
    100%{width:0px;height:0px;opacity:0}
}
.starAnimation{
  animation:star 1s ease-in-out;
}
/*表单*/
.content{
  width:100%;
  padding:30px 0;
}
.mainDiv{
  font-size: 13px;
  border:2px solid #C8DCDB;
  width:900px;
  margin:0px auto;
  border-top-left-radius:20px;
  border-top-right-radius:20px;
  overflow:hidden;
}
.title{
  background:#607d8b;
  border-bottom:1px solid #C8DCDB;
  height:50px;
  line-height:50px;
```

```
        font-weight:bold;
        padding-left:10px;
        font-size:15px;
        color:#fff;
      }
      .line{
        width:700px;
        height:30px;
        line-height:30px;
        font-weight:bold;
        margin:0px auto;
        margin-top:30px;
        border-bottom:1px solid #C8DCDB;
      }
      .item{
        width:700px;
        display:flex;
        margin:10px auto;
      }
      .item div:nth-of-type(1){
        width:100px;
        text-align:right;
      }
      .item div:nth-of-type(2){
        width:600px;
      }
      .txt1{
        width:200px;
      }
      .txt2{
        width:300px;
      }
      .txt3{
        width:500px;
        height:100px;
      }
      span{
        color:red;
        margin-left:20px;
      }
    </style>
    <script type="text/javascript">
```

```
        //表单验证
        function checkReg(){
          //清空所有提示
          document.getElementById("nameSpan").innerHTML = "";
          document.getElementById("pwdSpan").innerHTML = "";
          document.getElementById("checkpwdSpan").innerHTML = "";
          document.getElementById("telSpan").innerHTML = "";
          document.getElementById("mailSpan").innerHTML = "";
          //验证
          if(document.frm.userName.value == ""){
            document.getElementById("nameSpan").innerHTML = "会员名称不能为空！";
            document.frm.userName.focus();
            return false;
          }else if(document.frm.password.value == ""){
            document.getElementById("pwdSpan").innerHTML = "密码不能为空！";
            document.frm.password.focus();
            return false;
          }else if(document.frm.password.value != document.frm.checkpwd. value){
            document.getElementById("checkpwdSpan").innerHTML = "两次输入的密码
不一致！";
            document.frm.checkpwd.focus();
            return false;
          }else if(document.frm.tel.value == ""){
            document.getElementById("telSpan").innerHTML = "联系电话不能为空！";
            document.frm.tel.focus();
            return false;
          }else if(document.frm.mailBox.value == ""){
            document.getElementById("mailSpan").innerHTML = "邮件地址不能为空！";
            document.frm.mailBox.focus();
            return false;
          }
        }
      </script>
    </head>
    <body>
      <div class="head">
        <div class="head_left">公告:</div>
        <div class="head_right">
          <div id="text">系统维护通知：尊敬的广大用户，本学习平台将于 <span>2020 年 11
月 28 日 00:00 - 12:30 </span>开始进行更新维护； 根据实际情况可能会提前或延后开服； 维护
期间无法正常登录使用，由此带来的不便，敬请谅解。</div>
```

```
        </div>
        </div>
        <div id="banner"></div>
        <div class="content">
          <form name="frm" method="get" action="http://www.hxedu.com.cn" onsubmit=
"return checkReg()">
            <div class="mainDiv">
              <!--表单的title-->
              <div class="title">注册新会员</div>
              <!--基本信息-->
              <div class="line">基本信息（必填）</div>
              <div class="item">
                <div>会员名称：</div>
                <div><input type="text" name="userName" class="txt1" /><span id=
"nameSpan"></span></div>
              </div>
              <div class="item">
                <div>密码：</div>
                <div><input type="password" name="password" class="txt1" /><span
id="pwdSpan"></span></div>
              </div>
              <div class="item">
                <div>确认密码：</div>
                <div><input type="password" name="checkpwd" class="txt1" /><span
id="checkpwdSpan"></span></div>
              </div>
              <div class="item">
                <div>性别：</div>
                <div>
                  <input type="radio" name="sex" value="男" checked/>先生
                  <input type="radio" name="sex" value="女" />女士
                </div>
              </div>
              <div class="item">
                <div>会员类型：</div>
                <div>
                  <select name="userType">
                    <option value="1">普通会员</option>
                    <option value="2" selected>VIP 会员</option>
                    <option value="3">白金会员</option>
                  </select>
                </div>
```

```
        </div>
        <div class="item">
          <div>联系电话：</div>
          <div><input  type="text"  name="tel"  class="txt1"  /><span  id=
"telSpan"></span></div>
        </div>
        <div class="item">
          <div>邮件地址：</div>
          <div><input type="text" name="mailBox" class="txt2" /><span id=
"mailSpan"></span></div>
        </div>
        <!--其他信息-->
        <div class="line">其他信息（选填）</div>
        <div class="item">
          <div>头像：</div>
          <div><input type="file" name="photo" /></div>
        </div>
        <div class="item">
          <div>爱好：</div>
          <div>
            <input type="checkbox" name="like" value="1" checked/>旅行
            <input type="checkbox" name="like" value="2" />唱歌
            <input type="checkbox" name="like" value="3" checked/>游戏
            <input type="checkbox" name="like" value="4" />乐器
            <input type="checkbox" name="like" value="5" />表演
          </div>
        </div>
        <div class="item">
          <div>个人简介：</div>
          <div><textarea name="remark" class="txt3"></textarea></div>
        </div>
        <!--提交按钮-->
        <div class="item">
          <div></div>
          <div>
            <input type="submit" value="我要注册" />   <input
type="reset" value="重 写" />
          </div>
        </div>
      </div>
    </form>
  </div>
```

```
</body>
</html>
```

代码讲解：

1）清空所有提示。

```
document.getElementById("nameSpan").innerHTML = "";
```

清空会员名称提示。

```
document.getElementById("pwdSpan").innerHTML = "";
```

清空密码提示。

```
document.getElementById("checkpwdSpan").innerHTML = "";
```

清空确认密码提示。

```
document.getElementById("telSpan").innerHTML = "";
```

清空联系电话提示。

```
document.getElementById("mailSpan").innerHTML = "";
```

清空邮件地址提示。

2）表单验证。

```
        if(document.frm.userName.value == ""){
          document.getElementById("nameSpan").innerHTML = "会员名称不能为空！";
          document.frm.userName.focus();
          return false;
        }else if(document.frm.password.value == ""){
          document.getElementById("pwdSpan").innerHTML = "密码不能为空！";
          document.frm.password.focus();
          return false;
        }else if(document.frm.password.value != document.frm.checkpwd. value){
          document.getElementById("checkpwdSpan").innerHTML = "两次输入的密码
不一致！";
          document.frm.checkpwd.focus();
          return false;
        }else if(document.frm.tel.value == ""){
          document.getElementById("telSpan").innerHTML = "联系电话不能为空！";
          document.frm.tel.focus();
          return false;
        }else if(document.frm.mailBox.value == ""){
          document.getElementById("mailSpan").innerHTML = "邮件地址不能为空！";
          document.frm.mailBox.focus();
          return false;
        }
```

if(document.frm.userName.value == "")：判断会员名称是否为空。

document.getElementById("nameSpan").innerHTML = "会员名称不能为空！"：提示“会员名称不能为空！”。

return false：终止函数。

if(document.frm.password.value == "")：判断密码是否为空。

document.getElementById("pwdSpan").innerHTML = "密码不能为空！"：提示“密码不能为空！”。

if(document.frm.password.value != document.frm.checkpwd.value)：判断确认密码是否为空。

document.getElementById("checkpwdSpan").innerHTML = "两次输入的密码不一致！"：提示“两次输入的密码不一致！”。

if(document.frm.tel.value == "")：判断联系电话是否为空。

document.getElementById("telSpan").innerHTML = "联系电话不能为空！"：提示“联系电话不能为空！”。

if(document.frm.mailBox.value == "")：判断邮件地址是否为空。

document.getElementById("mailSpan").innerHTML = "邮件地址不能为空！"：提示“邮件地址不能为空！”。

上述代码的运行效果如图 6-5 所示。

图 6-5　实现表单验证功能示例的运行效果

步骤2：添加帧频动画

【知识链接】帧频动画

1. 定义帧频动画

定义帧频动画的语法格式如下：

```
var 帧频动画名称 = window.requestAnimationFrame(回调函数);
```

参数：回调函数是指在更新动画以便进行下一次重绘时要调用的函数。

返回值：返回一个long型数据，即请求id，用于唯一标识回调列表中的条目。

优点：浏览器可以优化并行的动画动作、更合理地重新排列动作序列，并且将合并的动作放在一个渲染周期内完成，从而呈现出更流畅的动画效果。

说明：

window.requestAnimationFrame()方法主要用于通知浏览器希望执行动画，并且请求浏览器调用指定的函数，以便在下次重绘前更新动画。该方法将回调函数作为在重绘前调用的参数。回调次数通常为每秒60次。

2. 关闭帧频动画

关闭帧频动画的语法格式如下：

```
window.cancelAnimationFrame(帧频动画名称)
```

说明：关闭指定名称的帧频动画。

示例代码如下：

```
<!DOCTYPE html>
<html>
  <head>
    <meta charset="utf-8" />
    <style type="text/css">
      html,body{
        width:100%;
        height:100%;
        margin:0;
      }
      .head{
        width:100%;
        height: 50px;
        display: flex;
        justify-content: flex-start;
```

```
  overflow: hidden;
}
.head_left{
  width:150px;
  background: #607d8b;
  color:#fff;
  line-height: 50px;
  font-size: 18px;
  text-align: right;
  padding-right: 20px;
  z-index: 1;
  box-sizing: border-box;
}
.head_right{
  width:calc(100% - 150px);
  background: #795548;
  color:#fff;
  font-size: 16px;
  text-align: center;
}
#text{
  width:100%;
  line-height: 50px;
  position: relative;
}
#text span{
  color:yellow;
  font-weight: bold;
 }
#banner{
  width:100%;
  height: 200px;
  background-color:#000000;
  position: relative;
  background: url(res/htmlclassics/full/images/138.jpg);
  overflow:hidden;
}
/* 第 3 屏，星星动画 */
@keyframes star{
  0%{width:0px;height:0px;opacity:0}
    50%{width:18px;height:28px;opacity:1}
    100%{width:0px;height:0px;opacity:0}
```

```
}
.starAnimation{
  animation:star 1s ease-in-out;
}
/*表单*/
.content{
  width:100%;
  padding:30px 0;
}
.mainDiv{
  font-size: 13px;
  border:2px solid #C8DCDB;
  width:900px;
  margin:0px auto;
  border-top-left-radius:20px;
  border-top-right-radius:20px;
  overflow:hidden;
}
.title{
  background:#607d8b;
  border-bottom:1px solid #C8DCDB;
  height:50px;
  line-height:50px;
  font-weight:bold;
  padding-left:10px;
  font-size:15px;
  color:#fff;
}
.line{
  width:700px;
  height:30px;
  line-height:30px;
  font-weight:bold;
  margin:0px auto;
  margin-top:30px;
  border-bottom:1px solid #C8DCDB;
}
.item{
  width:700px;
  display:flex;
  margin:10px auto;
}
```

```
        .item div:nth-of-type(1){
          width:100px;
          text-align:right;
        }
        .item div:nth-of-type(2){
          width:600px;
        }
        .txt1{
          width:200px;
        }
        .txt2{
          width:300px;
        }
        .txt3{
          width:500px;
          height:100px;
        }
        span{
          color:red;
          margin-left:20px;
        }
      </style>
      <script type="text/javascript">
        //表单验证
        function checkReg(){
          //清空所有提示
          document.getElementById("nameSpan").innerHTML = "";
          document.getElementById("pwdSpan").innerHTML = "";
          document.getElementById("checkpwdSpan").innerHTML = "";
          document.getElementById("telSpan").innerHTML = "";
          document.getElementById("mailSpan").innerHTML = "";
          //验证
          if(document.frm.userName.value == ""){
            document.getElementById("nameSpan").innerHTML = "会员名称不能为空！";
            return false;
          }else if(document.frm.password.value == ""){
            document.getElementById("pwdSpan").innerHTML = "密码不能为空！";
            return false;
          }else  if(document.frm.password.value  !=  document.frm.checkpwd.
value){
            document.getElementById("checkpwdSpan").innerHTML = "两次输入的密码
不一致！";
```

```
        return false;
      }else if(document.frm.tel.value == ""){
        document.getElementById("telSpan").innerHTML = "联系电话不能为空！";
        return false;
      }else if(document.frm.mailBox.value == ""){
        document.getElementById("mailSpan").innerHTML = "邮件地址不能为空！";
        return false;
      }
    }
    //文字滚动
    var left = 1820;                    //inner 的左边距
    var raf;                            //帧频
    //移动文字
    function moveImage(){
      document.getElementById("text").style.left = left+"px";
      left-=2;
      if(left <= -1620){
        left = 1820;
      }
      //帧频：每秒 60 帧，每隔 16.66 毫秒执行一次
      raf = window.requestAnimationFrame(moveImage);
    }
    window.onload = function(){
      //鼠标指针进入 view_box，停止移动
      document.getElementById("text").onmouseover = function(){
        //清除帧频
        window.cancelAnimationFrame(raf);
      }
      //鼠标指针离开 view_box，继续移动
      document.getElementById("text").onmouseout = function(){
        moveImage();
      }
      moveImage();
    }
  </script>
</head>
<body>
  <div class="head">
    <div class="head_left">公告:</div>
    <div class="head_right">
      <div id="text">系统维护通知：尊敬的广大用户，本学习平台将于 <span>2020 年 11
```

```
月 28 日 00:00 - 12:30 </span>开始进行更新维护； 根据实际情况可能会提前或延后开服； 维护期间无法正常登录使用，由此带来的不便，敬请谅解。</div>
        </div>
        </div>
        <div id="banner"></div>
        <div class="content">
          <form  name="frm"  method="get"  action="http://www.hxedu.com.cn" onsubmit="return checkReg()">
            <div class="mainDiv">
              <!--表单的 title-->
              <div class="title">注册新会员</div>
              <!--基本信息-->
              <div class="line">基本信息（必填）</div>
              <div class="item">
                <div>会员名称：</div>
                <div><input  type="text"  name="userName"  class="txt1"  /><span id="nameSpan"></span></div>
              </div>
              <div class="item">
                <div>密码：</div>
                <div><input type="password" name="password" class="txt1" /><span id="pwdSpan"></span></div>
              </div>
              <div class="item">
                <div>确认密码：</div>
                <div><input type="password" name="checkpwd" class="txt1" /><span id="checkpwdSpan"></span></div>
              </div>
              <div class="item">
                <div>性别：</div>
                <div>
                  <input type="radio" name="sex" value="男" checked/>先生
                  <input type="radio" name="sex" value="女" />女士
                </div>
              </div>
              <div class="item">
                <div>会员类型：</div>
                <div>
                  <select name="userType">
                    <option value="1">普通会员</option>
                    <option value="2" selected>VIP 会员</option>
```

```
         <option value="3">白金会员</option>
       </select>
     </div>
   </div>
   <div class="item">
     <div>联系电话：</div>
     <div><input  type="text"  name="tel"  class="txt1"  /><span  id=
"telSpan"></span></div>
   </div>
   <div class="item">
     <div>邮件地址：</div>
     <div><input type="text" name="mailBox" class="txt2" /><span id=
"mailSpan"></span></div>
   </div>
   <!--其他信息-->
   <div class="line">其他信息（选填）</div>
   <div class="item">
     <div>头像：</div>
     <div><input type="file" name="photo" /></div>
   </div>
   <div class="item">
     <div>爱好：</div>
     <div>
       <input type="checkbox" name="like" value="1" checked/>旅行
       <input type="checkbox" name="like" value="2" />唱歌
       <input type="checkbox" name="like" value="3" checked/>游戏
       <input type="checkbox" name="like" value="4" />乐器
       <input type="checkbox" name="like" value="5" />表演
     </div>
   </div>
   <div class="item">
     <div>个人简介：</div>
     <div><textarea name="remark" class="txt3"></textarea></div>
   </div>
   <!--提交按钮-->
   <div class="item">
     <div></div>
     <div>
       <input type="submit" value="我要注册" />   <input
type="reset" value="重 写" />
     </div>
```

```
        </div>
      </div>
    </form>
  </div>
</body>
</html>
```

代码讲解：

1）设置起始值。

```
var left = 1820;
```

设置移动文字的起始值。

```
var raf;
```

定义帧频变量。

2）设置帧频函数。

```
function moveImage(){
  document.getElementById("text").style.left = left+"px";
  left-=2;
  if(left <= -1620){
    left = 1820;
  }
  raf = window.requestAnimationFrame(moveImage);
}
```

function moveImage(){}：设置帧频函数。

document.getElementById("text").style.left = left+"px"：设置文字位置。

left-=2：设置 left 变量减 2。

raf = window.requestAnimationFrame(moveImage)：定义帧频动画。

3）调用帧频函数。

```
window.onload = function(){
  //鼠标指针进入 view_box，停止移动
  document.getElementById("text").onmouseover = function(){
    //清除帧频
    window.cancelAnimationFrame(raf);
  }
  //鼠标指针离开 view_box，继续移动
  document.getElementById("text").onmouseout = function(){
    moveImage();
  }
  moveImage();
```

```
}
```

window.onload = function()：在页面加载完成后执行。

document.getElementById("text").onmouseover = function()：在将鼠标指针移动到文字上方时执行。

window.cancelAnimationFrame(raf)：关闭帧频动画。

document.getElementById("text").onmouseout = function()：在将鼠标指针从文字上方移开时执行。

moveImage()：执行帧频函数。

上述代码的运行效果如图 6-6 所示。

图 6-6　添加帧频动画示例的运行效果

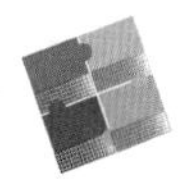

【知识链接】定时器动画

1. 定义定时器

定义定时器的语法格式如下：

```
window.setTimeout(要执行的代码, 等待的毫秒数);
window.setTimeout(JavaScript 函数, 等待的毫秒数);
```

说明：window.setTimeout()方法主要用于在指定的毫秒数后执行指定的代码或调用指定的 JavaScript 函数。

2. 清除定时器

清除定时器的语法格式如下：

```
window.clearTimeout(定时器的名称);
```

说明：window.clearTimeout()方法主要用于清除指定名称的定时器。

示例代码如下：

```
<!DOCTYPE html>
<html>
<head>
<meta charset="utf-8" />
</head>
<body>
    <div id="div1">0</div>
    <br/><br/>
    <input type="submit" value="开始" onclick="start()"/>
    <input type="reset" value="停止" onclick="stop()"/>
    <script type="text/javascript">
        var num = 0;
        var raf = null;
        function start(){
            stop();
            num++;
            document.getElementById("div1").innerText=num;
            raf = window.setTimeout(start,10);
        }
        function stop(){
            window.clearTimeout(raf);
        }
  </script>
</body>
</html>
```

代码讲解：

1）设置起始值。

```
var num = 0;
```

设置累加数字变量的起始值。

```
var raf = null;
```

定义变量。

2）设置定时器函数。

```
function start(){
```

```
  stop();
  num++;
  document.getElementById("div1").innerText=num;
  raf = window.setTimeout(start,10);
}
```

num++：设置 num 变量的值每次加 1。

document.getElementById("div1").innerText=num：将 num 变量的值存储于 id 属性值为"div1"的标签中。

raf = window.setTimeout(start,10)：设置定时器每 10 毫秒调用 1 次 start()函数。

3）清除定时器。

```
function stop(){
    window.clearTimeout(raf);
}
```

window.clearTimeout(raf)：清除定时器 raf。

上述代码的运行效果如图 6-7 所示。

不安全 | blob:http://www.yyfun001.com/22039130-d3f4-46e6-8eba-cf3f9e1edd43

184

开始 停止

图 6-7　定时器动画示例的运行效果

步骤 3：添加、删除标签

【知识链接】创建标签

使用 createElement()方法可以创建<a>、<img>和<p>等标签。

创建标签的语法格式如下：

```
var 变量名 = document.createElement(标签);
```

说明：document.createElement()方法主要用于创建标签。

【知识链接】添加标签

添加标签的语法格式如下：

```
var 变量名 = document.createElement(标签);
父标签对象.appendChild(变量名);
```

说明：父标签对象.appendChild()方法主要用于向父标签中添加最后一个子标签。

示例代码如下：

```
<!DOCTYPE html>
<html>
<head>
    <meta charset="UTF-8" />
    <script type="text/javascript">
        var index = 0;
        function addElement(){
            index++;
            var obj = document.getElementById("div1");
            var descDiv = document.createElement('p');
            obj.appendChild(descDiv);
            var    cssStr    =    "width:400px;height:30px;margin-bottom:10px;
background-color:#FFFF99;border:1px solid black;line-height:30px;";
            descDiv.style = cssStr;
            descDiv.innerHTML = index+' 单击删除此 p 标签';
        }
    </script>
</head>
<body>
    <input type="button" value="添加" onclick="addElement()" />
    <div class="main" id="div1"></div>
</body>
</html>
```

代码讲解：

```
function addElement(){
    index++;
    var obj = document.getElementById("div1");
    var descDiv = document.createElement('p');
    obj.appendChild(descDiv);
    var  cssStr  =  "width:400px;height:30px;margin-bottom:10px;background-
color:#FFFF99;border:1px solid black;line-height:30px;";
    descDiv.style = cssStr;
    descDiv.innerHTML = index+' 单击删除此 p 标签';
}
```

var descDiv = document.createElement('p')：创建<p>标签。

obj.appendChild(descDiv)：添加<p>标签。

var cssStr = "width:400px;height:30px;margin-bottom:10px;background-color:#FFFF99; border:

1px solid black;line-height:30px;"：设置标签样式。

descDiv.style = cssStr：给<p>标签添加样式。

上述代码的运行效果如图 6-8 所示。

图 6-8　添加标签示例的运行效果

【知识链接】删除标签

删除标签的语法格式如下：

```
父标签对象.removeChild(子标签对象);
```

说明： 父标签对象.removeChild()方法主要用于删除父标签中指定的子标签。

示例代码如下：

```
<!DOCTYPE html>
<html>
  <head>
    <meta charset="utf-8" />
    <style type="text/css">
      html,body{
        width:100%;
        height:100%;
        margin:0;
      }
      .head{
        width:100%;
        height: 50px;
        display: flex;
        justify-content: flex-start;
        overflow: hidden;
      }
      .head_left{
        width:150px;
        background: #607d8b;
        color:#fff;
        line-height: 50px;
```

```
    font-size: 18px;
    text-align: right;
    padding-right: 20px;
    z-index: 1;
    box-sizing: border-box;
  }
  .head_right{
    width:calc(100% - 150px);
    background: #795548;
    color:#fff;
    font-size: 16px;
    text-align: center;
  }
  #text{
    width:100%;
    line-height: 50px;
    position: relative;
  }
  #text span{
    color:yellow;
    font-weight: bold;
   }
  #banner{
    width:100%;
    height: 200px;
    background-color:#000000;
    position: relative;
    background: url(res/htmlclassics/full/images/138.jpg);
    overflow:hidden;
  }
  /* 第 3 屏，星星动画 */
  @keyframes star{
    0%{width:0px;height:0px;opacity:0}
      50%{width:18px;height:28px;opacity:1}
      100%{width:0px;height:0px;opacity:0}
  }
  .starAnimation{
    animation:star 1s ease-in-out;
  }
  /*表单*/
  .content{
    width:100%;
```

```
    padding:30px 0;
  }
  .mainDiv{
    font-size: 13px;
    border:2px solid #C8DCDB;
    width:900px;
    margin:0px auto;
    border-top-left-radius:20px;
    border-top-right-radius:20px;
    overflow:hidden;
  }
  .title{
    background:#607d8b;
    border-bottom:1px solid #C8DCDB;
    height:50px;
    line-height:50px;
    font-weight:bold;
    padding-left:10px;
    font-size:15px;
    color:#fff;
  }
  .line{
    width:700px;
    height:30px;
    line-height:30px;
    font-weight:bold;
    margin:0px auto;
    margin-top:30px;
    border-bottom:1px solid #C8DCDB;
  }
  .item{
    width:700px;
    display:flex;
    margin:10px auto;
  }
  .item div:nth-of-type(1){
    width:100px;
    text-align:right;
  }
  .item div:nth-of-type(2){
    width:600px;
  }
```

```
        .txt1{
          width:200px;
        }
        .txt2{
          width:300px;
        }
        .txt3{
          width:500px;
          height:100px;
        }
        span{
          color:red;
          margin-left:20px;
        }
      </style>
      <script type="text/javascript">
        //表单验证
        function checkReg(){
          //清空所有提示
          document.getElementById("nameSpan").innerHTML = "";
          document.getElementById("pwdSpan").innerHTML = "";
          document.getElementById("checkpwdSpan").innerHTML = "";
          document.getElementById("telSpan").innerHTML = "";
          document.getElementById("mailSpan").innerHTML = "";
          //验证
          if(document.frm.userName.value == ""){
            document.getElementById("nameSpan").innerHTML = "会员名称不能为空！";
            return false;
          }else if(document.frm.password.value == ""){
            document.getElementById("pwdSpan").innerHTML = "密码不能为空！";
            return false;
          }else if(document.frm.password.value != document.frm.checkpwd. value){
            document.getElementById("checkpwdSpan").innerHTML = "两次输入的密码
不一致！";
            return false;
          }else if(document.frm.tel.value == ""){
            document.getElementById("telSpan").innerHTML = "联系电话不能为空！";
            return false;
          }else if(document.frm.mailBox.value == ""){
            document.getElementById("mailSpan").innerHTML = "邮件地址不能为空！";
            return false;
```

```
    }
  }
  //文字滚动
  var left = 1820;                    //inner 的左边距
  var raf;                            //帧频
  //移动文字
  function moveImage(){
    document.getElementById("text").style.left = left+"px";
    left-=2;
    if(left <= -1620){
      left = 1820;
    }
    //帧频：每秒 60 帧，每隔 16.66 毫秒执行一次
    raf = window.requestAnimationFrame(moveImage);
  }
  window.onload = function(){
    //鼠标指针进入 view_box，停止移动
    document.getElementById("text").onmouseover = function(){
      //清除帧频
      window.cancelAnimationFrame(raf);
    }
    //鼠标指针离开 view_box，继续移动
    document.getElementById("text").onmouseout = function(){
      moveImage();
    }
    moveImage();
    createStar();
  }
  //创建星星
  function createStar(){
    var windowWidth = document.body.offsetWidth;
    var windowHeight = 200;
    var starLeft = Math.random()*windowWidth;
    var starTop = Math.random()*windowHeight;
    var starDiv = document.createElement("div");
    starDiv.innerHTML    =    "<img    src='res/htmlclassics/full/images/
star.png' />";
    starDiv.style.position = "absolute";
    starDiv.style.top = starTop+"px";
    starDiv.style.left = starLeft+"px";
    starDiv.style.opacity = 0;
```

```
        starDiv.className = "starAnimation";
        document.getElementById("banner").appendChild(starDiv);
        starDiv.addEventListener("animationend",function(){
          document.getElementById("banner").removeChild(starDiv);
        });
        t1 = window.setTimeout("createStar()",50);
      }
    </script>
  </head>
  <body>
    <div class="head">
      <div class="head_left">公告:</div>
      <div class="head_right">
        <div id="text">系统维护通知：尊敬的广大用户，本学习平台将于 <span>2020 年 11 月 28 日 00:00 - 12:30 </span>开始进行更新维护； 根据实际情况可能会提前或延后开服； 维护期间无法正常登录使用，由此带来的不便，敬请谅解。</div>
    </div>
    </div>
    <div id="banner"></div>
    <div class="content">
      <form name="frm" method="get" action="http://www.hxedu.com.cn" onsubmit="return checkReg()">
        <div class="mainDiv">
          <!--表单的title-->
          <div class="title">注册新会员</div>
          <!--基本信息-->
          <div class="line">基本信息（必填）</div>
          <div class="item">
            <div>会员名称：</div>
            <div><input type="text" name="userName" class="txt1" /><span id="nameSpan"></span></div>
          </div>
          <div class="item">
            <div>密码：</div>
            <div><input type="password" name="password" class="txt1" /><span id="pwdSpan"></span></div>
          </div>
          <div class="item">
            <div>确认密码：</div>
            <div><input type="password" name="checkpwd" class="txt1" /><span id="checkpwdSpan"></span></div>
          </div>
```

```
        <div class="item">
          <div>性别：</div>
          <div>
            <input type="radio" name="sex" value="男" checked/>先生
            <input type="radio" name="sex" value="女" />女士
          </div>
        </div>
        <div class="item">
          <div>会员类型：</div>
          <div>
            <select name="userType">
              <option value="1">普通会员</option>
              <option value="2" selected>VIP 会员</option>
              <option value="3">白金会员</option>
            </select>
          </div>
        </div>
        <div class="item">
          <div>联系电话：</div>
          <div><input  type="text"  name="tel"  class="txt1"  /><span  id=
"telSpan"></span></div>
        </div>
        <div class="item">
          <div>邮件地址：</div>
          <div><input type="text" name="mailBox" class="txt2" /><span id=
"mailSpan"></span></div>
        </div>
        <!--其他信息-->
        <div class="line">其他信息（选填）</div>
        <div class="item">
          <div>头像：</div>
          <div><input type="file" name="photo" /></div>
        </div>
        <div class="item">
          <div>爱好：</div>
          <div>
            <input type="checkbox" name="like" value="1" checked/>旅行
            <input type="checkbox" name="like" value="2" />唱歌
            <input type="checkbox" name="like" value="3" checked/>游戏
            <input type="checkbox" name="like" value="4" />乐器
            <input type="checkbox" name="like" value="5" />表演
          </div>
```

```
            </div>
            <div class="item">
              <div>个人简介：</div>
              <div><textarea name="remark" class="txt3"></textarea></div>
            </div>
            <!--提交按钮-->
            <div class="item">
              <div></div>
              <div>
                <input type="submit" value="我要注册" />   <input
type="reset" value="重 写" />
              </div>
            </div>
          </div>
        </form>
      </div>
    </body>
  </html>
```

代码讲解：

```
function createStar(){
  var windowWidth = document.body.offsetWidth;
  var windowHeight = 200;
  var starLeft = Math.random()*windowWidth;
  var starTop = Math.random()*windowHeight;
  var starDiv = document.createElement("div");
  starDiv.innerHTML = "<img src='res/htmlclassics/full/images/star.png' />";
  starDiv.style.position = "absolute";
  starDiv.style.top = starTop+"px";
  starDiv.style.left = starLeft+"px";
  starDiv.style.opacity = 0;
  starDiv.className = "starAnimation";
  document.getElementById("banner").appendChild(starDiv);
  starDiv.addEventListener("animationend",function(){
    document.getElementById("banner").removeChild(starDiv);
  });
  t1 = window.setTimeout("createStar()",50);
}
```

var starDiv = document.createElement("div")：创建<div>标签。

starDiv.innerHTML = "<img src='res/htmlclassics/full/images/star.png' />"：将星星图片插入<div>标签。

document.getElementById("banner").appendChild(starDiv)：将包含星星图片的<div>标签添加到 id 属性值为"banner"的<div>标签中。

starDiv.addEventListener("animationend",function(){})：监听 animationend 事件。animationend 事件在 CSS 动画播放结束后触发。

document.getElementById("banner").removeChild(starDiv)：删除包含星星图片的<div>标签。

t1 = window.setTimeout("createStar()",50)：每 50 毫秒创建一个包含星星图片的<div>标签。

上述代码的运行效果如图 6-9 所示。

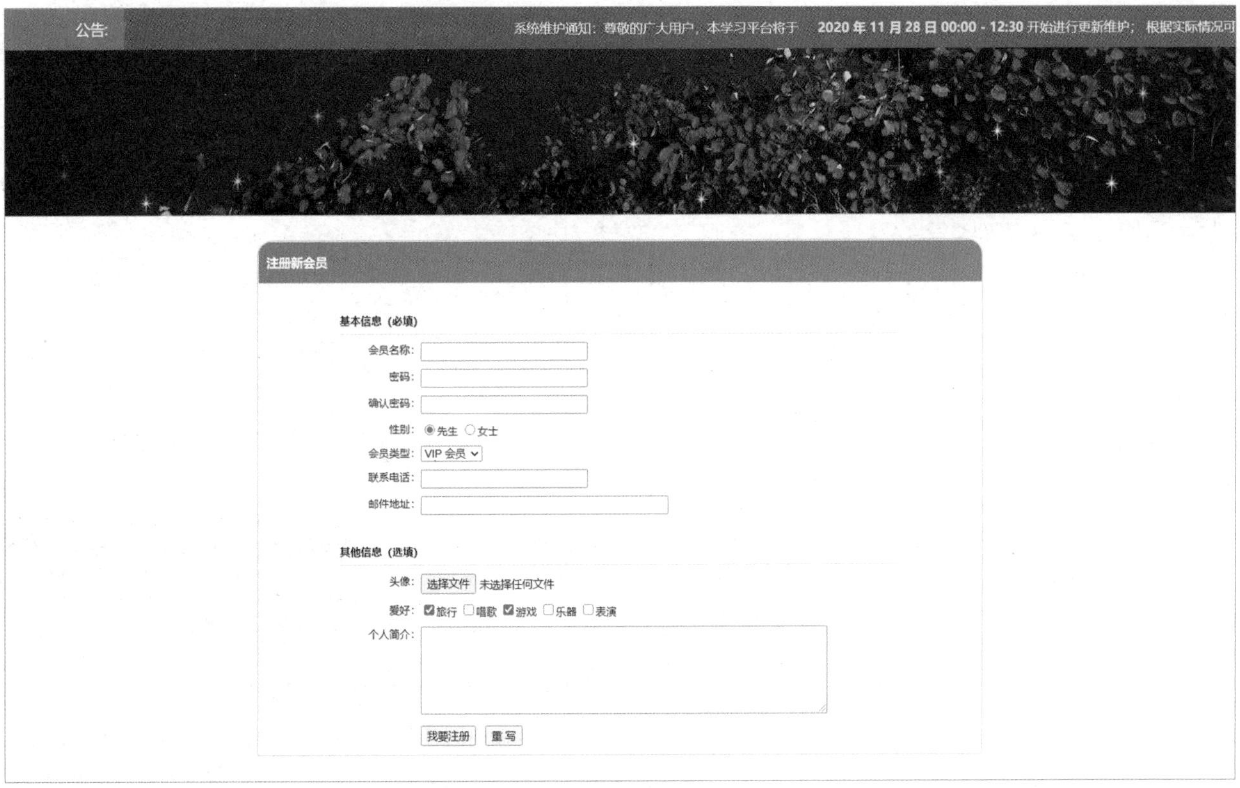

图 6-9　星星动画

步骤 4：使用其他控制事件

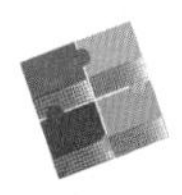

【知识链接】窗口重置事件

窗口重置事件主要用于在窗口或框架的大小发生改变时，执行指定的 JavaScript 代码或 JavaScript 函数。

窗口重置事件的语法格式如下：

```
<body onresize="函数名()">
```

或者：

```
window.onresize = function(){
```

```
    代码
}
```

示例代码如下：

```
<!DOCTYPE html>
<html>
<head>
<title>祖国山河</title>
<meta charset="utf-8" />
</head>
<body>
<div id="div1">div1</div>
    <script type="text/javascript">
        window.onresize = function(){
            document.getElementById("div1").innerHTML = document.getElementById
("div1").offsetWidth;
        }
    </script>
</body>
</html>
```

代码讲解：

```
window.onresize = function(){
    document.getElementById("div1").innerHTML   =   document.getElementById
("div1").offsetWidth;
}
```

window.onresize = function(){}：在窗口或框架的大小发生改变时执行。

document.getElementById("div1").innerHTML = document.getElementById("div1"). offsetWidth：将 id 属性值为"div1"的标签的宽度在其标签中输出。

上述代码的运行效果如图 6-10 所示。

图 6-10　窗口重置事件示例的运行效果

【知识链接】鼠标滚轮事件

鼠标滚轮事件是指当鼠标滚轮在标签中上下滚动时执行某个函数。

在火狐浏览器的页面中添加鼠标滚轮事件的语法格式如下：

```
document.addEventListener("DOMMouseScroll",函数名，布尔值);
```

说明：布尔值是可选值。

- true：事件句柄在捕获阶段执行。
- false：默认值。事件句柄在冒泡阶段执行。

在谷歌浏览器的页面中添加鼠标滚轮事件的语法格式如下：

```
window.onwheel = 函数名;
```

示例代码如下：

```
<!DOCTYPE html>
<html>
<head>
    <meta charset="utf-8" />
</head>
<body>
    <div id="div1"><p>div1</p></div>
    <script type="text/javascript">
        document.addEventListener("DOMMouseScroll",fun1);
        window.onwheel = fun1;
        function fun1(){
          document.getElementById("div1").style.backgroundColor = "green";
        }
    </script>
</body>
</html>
```

代码讲解：

1）添加鼠标滚轮事件。

```
document.addEventListener("DOMMouseScroll",fun1);
```

在火狐浏览器的页面中添加鼠标滚轮事件。

```
window.onwheel = fun1;
```

在谷歌浏览器的页面中添加鼠标滚轮事件。

2）编写函数。

```
function fun1(){
    document.getElementById("div1").style.backgroundColor = "green";
}
```

document.getElementById("div1").style.backgroundColor = "green"：如果鼠标滚轮发生滚动，那么将 id 属性值为"div1"的标签的背景颜色设置为绿色。

上述代码的运行效果如图 6-11 所示。

图 6-11　鼠标滚轮事件示例的运行效果

【知识链接】触屏事件

1. 触屏开始事件

触屏开始事件是指当手指触摸屏幕时执行某个函数。

添加触屏开始事件的语法格式如下：

```
document.addEventListener("touchstart",函数名,布尔值);
```

2. 触屏结束事件

触屏结束事件是指当手指从屏幕上离开时执行某个函数。

添加触屏结束事件的语法格式如下：

```
document.addEventListener("touchend",函数名,布尔值);
```

3. 触屏滑动事件

触屏滑动事件是指当手指在屏幕上滑动时连续地执行某个函数。

添加触屏滑动事件的语法格式如下：

```
document.addEventListener("touchmove",函数名,布尔值);
```

说明：布尔值是可选参数。

- true：事件句柄在捕获阶段执行。
- false：默认值。事件句柄在冒泡阶段执行。

示例代码如下：

```
<!DOCTYPE html>
<html>
<head>
    <meta charset="utf-8" />
</head>
<body>
    <div id="div1"><p>div1</p></div>
    <script type="text/javascript">
        document.addEventListener("touchstart",fun1,false);
        document.addEventListener("touchend",fun2,false);
        document.addEventListener("touchmove",fun3,false);
        function fun1(){
```

```
            document.getElementById("div1").style.backgroundColor = "green";
        }
        function fun2(){
           document.getElementById("div1").style.backgroundColor = "orange";
        }
        var num = 0;
          function fun3(){
          num++;
          document.getElementById("div1").innerHTML = num;
          document.getElementById("div1").style.backgroundColor = "red";
        }
    </script>
</body>
</html>
```

代码讲解：

1）添加触屏事件。

```
document.addEventListener("touchstart",fun1,false);
```

添加触屏开始事件 fun1。

```
document.addEventListener("touchend",fun2,false);
```

添加触屏结束事件 fun2。

```
document.addEventListener("touchmove",fun3,false);
```

添加触屏滑动事件 fun3。

2）编写函数。

```
function fun1(){
   document.getElementById("div1").style.backgroundColor = "green";
}
```

document.getElementById("div1").style.backgroundColor = "green"：设置 id 属性值为"div1"的标签的背景颜色为绿色。

```
function fun2(){
    document.getElementById("div1").style.backgroundColor = "orange";
}
```

document.getElementById("div1").style.backgroundColor = "orange"：设置 id 属性值为"div1"的标签的背景颜色为橙色。

```
var num = 0;
function fun3(){
   num++;
   document.getElementById("div1").innerHTML = num;
   document.getElementById("div1").style.backgroundColor = "red";
}
```

document.getElementById("div1").innerHTML = num：设置 id 属性值为"div1"的标签内容为 num。

document.getElementById("div1").style.backgroundColor = "red"：设置 id 属性值为"div1"的标签的背景颜色为红色。

上述代码的运行效果如图 6-12 所示。

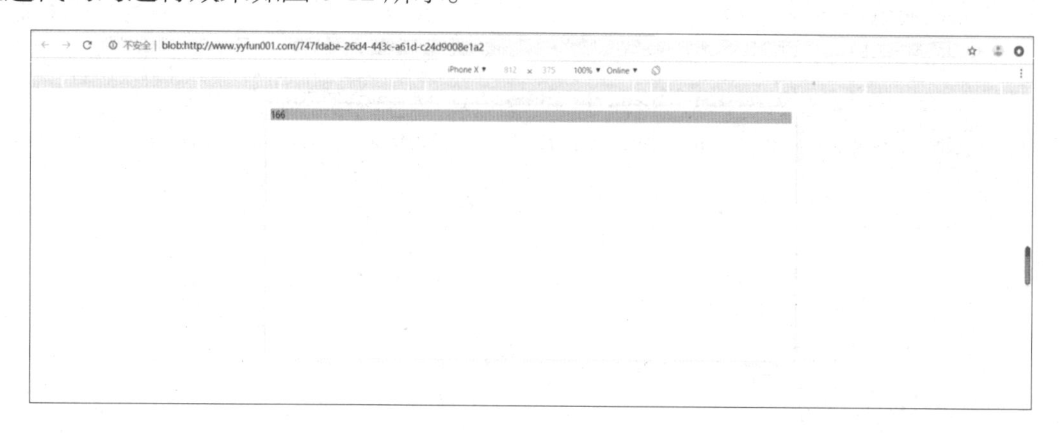

图 6-12　触屏事件示例的运行效果

拓展练习

运用所学知识，完成以下拓展练习。

拓展 1：飘落的雪花

飘落的雪花效果如图 6-13 所示。

图 6-13　飘落的雪花效果

要求：

1. 参照效果图完成练习。

2. 使用帧频函数实现雪花飘落的效果。

在线做题：

打开浏览器并输入指定地址，在线完成本道练习题。

实训链接：http://www.hxedu.com.cn/Resource/OS/AR/zz/zxy/202103636/6.html

实训码：d70c0915

拓展 2：购物车

购物车的效果如图 6-14 所示。

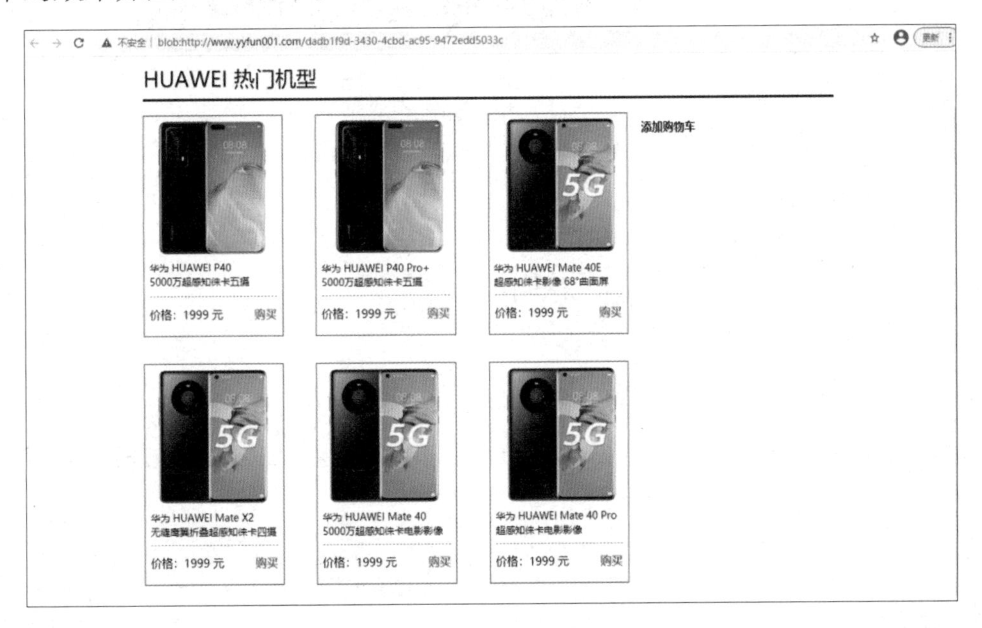

图 6-14　购物车的效果

要求：

1. 参照效果图完成练习。

2. 单击“购买”按钮，将产品添加到购物车中。

3. 单击“删除”按钮（在单击“购买”按钮后，右侧购物车区域的商品中会出现“删除”按钮），将产品从购物车中删除。

在线做题：

打开浏览器并输入指定地址，在线完成本道练习题。

实训链接：http://www.hxedu.com.cn/Resource/OS/AR/zz/zxy/202103636/6.html

实训码：841e02a2

拓展 3：景点介绍地图缩放

景点介绍地图缩放的效果如图 6-15 所示。

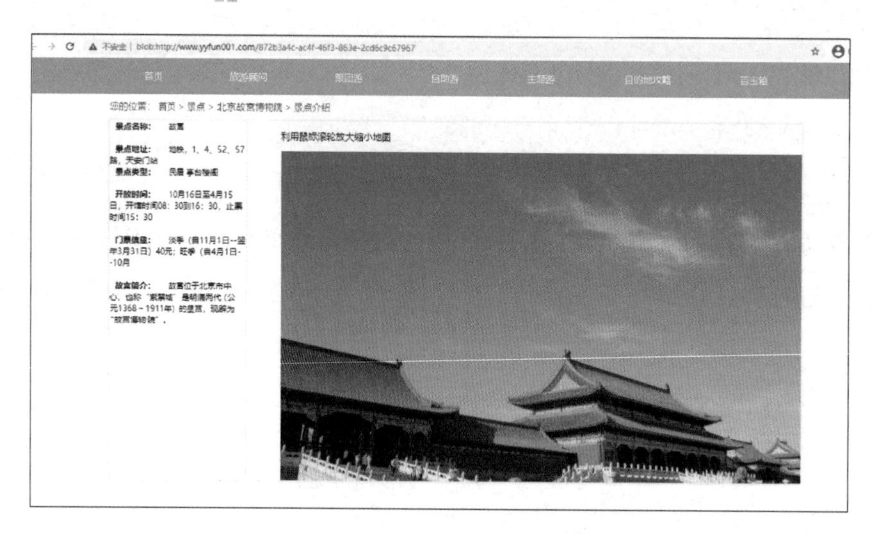

图 6-15　景点介绍地图缩放的效果

要求：

1. 参照效果图完成练习。

2. 给页面添加鼠标滚轮事件，用于控制地图图片的放大与缩小。

在线做题：

打开浏览器并输入指定地址，在线完成本道练习题。

实训链接：http://www.hxedu.com.cn/Resource/OS/AR/zz/zxy/202103636/6.html

实训码：eef55d0c

测验评价

评价标准：

采　分　点	教师评分（0～5 分）	自评（0～5 分）	互评（0～5 分）
1. 获取表单对象 2. 操纵表单元素 3. 焦点事件 4. 表单验证 5. 帧频动画 6. 定时器动画 7. 创建标签 8. 添加标签 9. 删除标签 10. 窗口重置事件 11. 鼠标滚轮事件 12. 触屏事件			

模块 7

AJAX 应用

情景导入

制作动态数据型网页是网站开发中的常用功能。在通常情况下，动态数据型网页中包含 AJAX 请求，用于获取 JSON 数据，通过操纵标签，将 JSON 数据显示到 Web 前端页面中。下面使用 HTML+CSS+JavaScript AJAX + JSON 制作动态数据型网页结构，如图 7-1 所示。

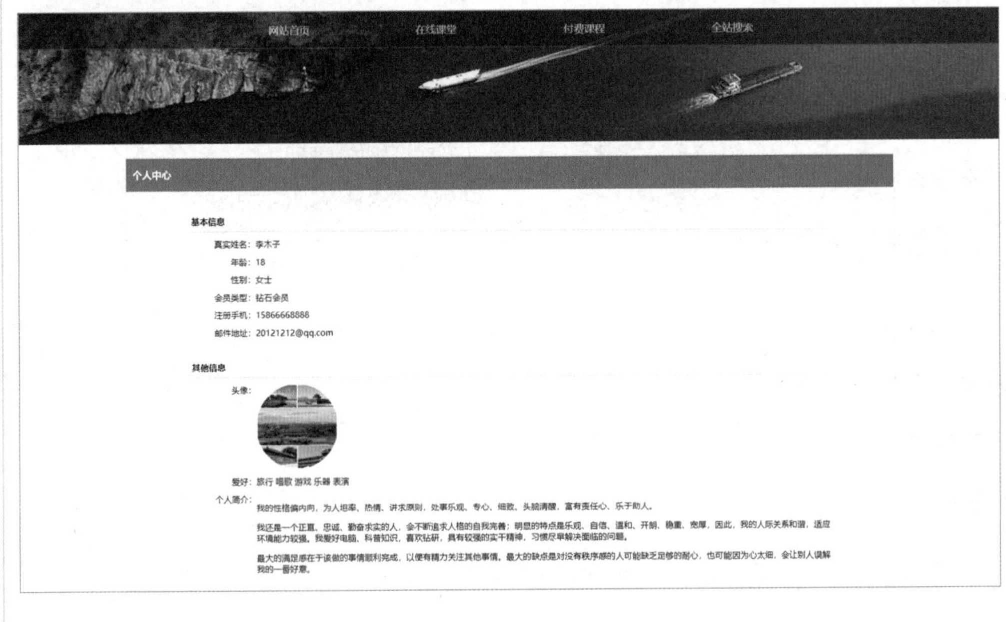

图 7-1　动态数据型网页结构

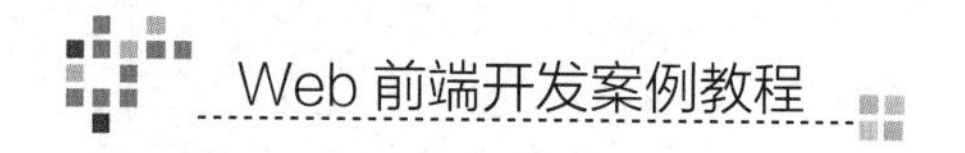

任务分析

通常使用 index.html 文件和服务器中处理数据的 center.php 文件实现，可以使用 JavaScript AJAX GET 请求、AJAX POST 请求、JavaScript 选择器等操纵 HTML 标签，从而实现图 7-1 中的页面效果。

制作图 7-1 中的动态数据型网页结构，在整体的实现上，可以划分为以下 3 个步骤。

（1）GET 请求。

（2）POST 请求。

（3）JSON 数据处理。

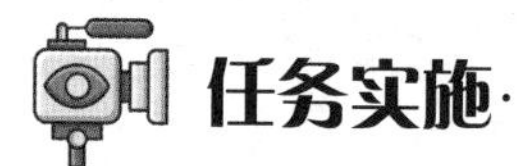

任务实施

步骤 1：GET 请求

【知识链接】AJAX 简介

AJAX（Asynchronous JavaScript and XML，异步 JavaScript 和 XML）不是新的编程语言，而是一种使用现有标准的新方法，主要用于快速创建动态数据型网页。在不重新加载整个网页的情况下，AJAX 可以与服务器交换数据并更新部分网页，使网页实现异步更新。AJAX 的工作原理如图 7-2 所示。

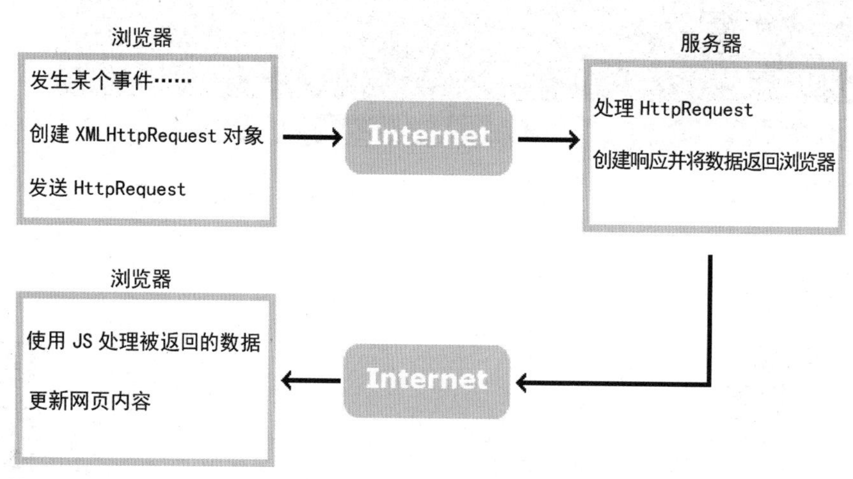

图 7-2　AJAX 的工作原理

【知识链接】创建 XMLHttpRequest 对象

XMLHttpRequest 对象是 AJAX 的基础。大部分现代浏览器（如 IE7+、Firefox、Chrome、

Safari 及 Opera）都支持 XMLHttpRequest 对象（IE5 和 IE6 使用 ActiveXObject 对象）。

XMLHttpRequest 对象主要用于在后台与服务器交换数据。

创建 XMLHttpRequest 对象的语法格式如下：

```
var 请求对象 = new XMLHttpRequest();
```

旧版本：

```
var 请求对象 = new ActiveXObject("Microsoft.XMLHTTP");
```

为了兼容大部分浏览器，先检查浏览器是否支持 XMLHttpRequest 对象，如果支持，则创建 XMLHttpRequest 对象；如果不支持，则创建 ActiveXObject 对象。

示例代码如下：

```
var xmlhttp;
if (window.XMLHttpRequest){
    xmlhttp=new XMLHttpRequest();
}else{
    xmlhttp=new ActiveXObject("Microsoft.XMLHTTP");
}
alert(xmlhttp);
```

代码讲解：

```
var xmlhttp;
if (window.XMLHttpRequest){
    xmlhttp = new XMLHttpRequest();
}else{
    xmlhttp = new ActiveXObject("Microsoft.XMLHTTP");
}
```

if (window.XMLHttpRequest)：判断浏览器是否支持 XMLHttpRequest 对象。

xmlhttp = new XMLHttpRequest()：对于新版本，创建 XMLHttpRequest 对象。

xmlhttp = new ActiveXObject("Microsoft.XMLHTTP")：对于旧版本，创建 ActiveXObject 对象。

上述代码的运行效果如图 7-3 所示。

图 7-3　创建 XMLHttpRequest 对象示例的运行效果

【知识链接】GET 请求、POST 请求

使用 XMLHttpRequest 对象的 open()和 send()方法将请求发送给服务器，open()方法主要用于设置请求的类型、URL 及是否异步处理请求，send()方法主要用于将请求发送给服务器。

1. 指定服务器中文件的地址

指定服务器中文件地址的语法格式如下：

```
请求对象.open(请求的类型,URL,布尔值);
```

参数说明如下。

- 请求的类型：GET 或 POST。
- URL：服务器中文件的地址。
- 布尔值：true（异步）或 false（同步）。

2. 将请求发送给服务器

将请求发送给服务器的语法格式如下：

```
请求对象.send(string);
```

参数 string 仅适用于 POST 请求，对于 GET 请求，可以使用 null。

3. AJAX onreadystatechange 事件

在请求被发送给服务器后，需要执行一些基于响应的任务。onreadystatechange 事件主要用于规定当服务器响应已做好被处理的准备时执行的任务。

onreadystatechange 事件的语法格式如下：

```
请求对象.onreadystatechange = function(){
    代码
};
```

示例代码如下：

```
<!DOCTYPE html>
<html>
<head>
<meta charset="utf-8" />
<script type="text/javascript" src="res/jquery/jquery-1.8.3.min.js"></script>
    <script type="text/javascript">
        var xmlhttp;
        if (window.XMLHttpRequest){
           xmlhttp = new XMLHttpRequest();
        }else{
```

```
            xmlhttp = new ActiveXObject("Microsoft.XMLHTTP");
        }
        xmlhttp.onreadystatechange = function(){
            document.write(xmlhttp)
        };
        xmlhttp.open("get","res/htmlclassics/php/city.php",true);
        xmlhttp.send(null);
    </script>
</head>
<body>
</body>
</html>
```

代码讲解：

1）指定服务器中文件的地址。

```
xmlhttp.open("get","res/htmlclassics/php/city.php",true);
```

get：请求方式为 GET。

res/htmlclassics/php/city.php"：服务器中文件的地址。

true：异步处理请求。

2）将请求发送给服务器。

```
xmlhttp.send(null);
```

3）指定接收响应结果。

```
xmlhttp.onreadystatechange = function(){
    document.write(xmlhttp)
};
```

xmlhttp.onreadystatechange = function()：指定接收响应结果的函数。

document.write(xmlhttp)：在浏览器中输出 xmlhttp 对象。

上述代码的运行效果如图 7-4 所示。

← → C ▲ 不安全 | blob:http://www.yyfun001.com/985a8fff-b5d0-456d-9943-7f521e6a1f86

[object XMLHttpRequest][object XMLHttpRequest][object XMLHttpRequest]

图 7-4　GET 请求和 POST 请求示例的运行效果

【知识链接】URL 传参

URL 参数是以 “?” 符号开始追加到 URL 后的一个或多个键/值对，多个 URL 参数用 “&” 符号隔开。通过传递的数据获取相对应的值。

URL 传参的语法格式如下：

```
URL?变量=值&变量=值
```

示例代码如下：

```
<!DOCTYPE html>
<html>
<head>
<meta charset="utf-8" />
<script type="text/javascript" src="res/jquery/jquery-1.8.3.min.js"></script>
</head>
<body>
   <script type="text/javascript">
      var xmlhttp;
      if (window.XMLHttpRequest){
         xmlhttp = new XMLHttpRequest();
      }else{
         xmlhttp = new ActiveXObject("Microsoft.XMLHTTP");
      }
      xmlhttp.onreadystatechange = function(){

      };
      var cityCode = "010";
      xmlhttp.open("get","res/htmlclassics/php/city.php?id="+Math.random()
+"&cityCode="+cityCode,true);
      xmlhttp.send(null);
   </script>
</body>
</html>
```

代码讲解：

1）设置参数。

```
var cityCode = "010";
```

2）指定服务器中文件的地址。

```
xmlhttp.open("get","     res/htmlclassics/php/city.php?id="+Math.random()+
"&cityCode="+cityCode,true);
```

get：请求方式为 GET。

res/htmlclassics/php/city.php：服务器中文件的地址。

"&cityCode="+cityCode：设置参数&cityCode 的值为 cityCode。

true：异步处理请求。

3）清除网页缓存。

```
xmlhttp.open("get","    res/htmlclassics/php/city.php?id="+Math.random()+
"&cityCode="+cityCode,true);
```

"res/htmlclassics/php/city.php?id="+Math.random()：参数 id 的值为随机数，加这个参数可以使每次访问的地址不一样，从而清除网页缓存。

【知识链接】HTTP 状态码

在请求被发送给服务器后，需要执行一些基于响应的任务。

XMLHttpRequest 对象有 3 个重要属性，分别为 readyState 属性、status 属性和 responseText 属性。

1. readyState 属性——就绪状态

当 readyState 属性的值发生改变时，会触发 onreadystatechange 事件。

readyState 属性主要用于表示 XMLHttpRequest 对象的就绪状态，其值如下。

- 0：请求未初始化。
- 1：服务器连接已建立。
- 2：请求已接收。
- 3：请求处理中。
- 4：请求已完成，并且响应已就绪。

2. status 属性——响应状态

status 属性主要用于表示 XMLHttpRequest 对象的响应状态，其值如下。

- 200: "OK"。
- 404：未找到页面。

onreadystatechange 事件主要用于规定当服务器响应已做好被处理的准备时所执行的任务。因此当 readyState 属性值为 4 且 status 属性值为 200 时，表示响应已就绪。

3. responseText 属性——响应结果

responseText 属性主要用于获取字符串格式的响应结果。

示例代码如下：

```
<!DOCTYPE html>
<html>
<head>
<meta charset="utf-8" />
```

```
<script type="text/javascript" src="res/jquery/jquery-1.8.3.min.js"></script>
</head>
<body>
<script type="text/javascript">
    var xmlhttp;
    if (window.XMLHttpRequest){
        xmlhttp = new XMLHttpRequest();
    }else{
        xmlhttp = new ActiveXObject("Microsoft.XMLHTTP");
    }
    xmlhttp.onreadystatechange = function(){
        if(xmlhttp.readyState == 4 && xmlhttp.status==200){
            //接收响应结果
              document.write(xmlhttp);
              document.write(xmlhttp.responseText);
        }
    };
    var cityCode = "010";
    xmlhttp.open("get","res/htmlclassics/php/city.php?id="+Math.random()
+"&cityCode="+cityCode,true);
    //发送请求
    xmlhttp.send(null);
</script>
</body>
</html>
```

代码讲解：

```
xmlhttp.onreadystatechange = function(){
    if(xmlhttp.readyState == 4 && xmlhttp.status==200){
        //接收响应结果
        document.write(xmlhttp);
        document.write(xmlhttp.responseText);
    }
};
```

if(xmlhttp.readyState == 4 && xmlhttp.status==200)：判断 readyState 属性值为 4 与 status 属性值为 200 的条件是否同时满足。

document.write(xmlhttp)：在浏览器中输出请求对象。

document.write(xmlhttp.responseText)：在浏览器中输出字符串格式的响应结果。

上述代码的运行效果如图 7-5 所示。

不安全 | blob:http://www.yyfun001.com/8912ec69-b612-48c8-b712-273e74d4e1e9

[object XMLHttpRequest]010 是 北京市 的区号!

图 7-5　HTTP 状态码示例的运行效果

步骤 2：POST 请求

【知识链接】POST 请求补充

1. 指定服务器中文件的地址

open()方法主要用于设置请求的类型、URL 及是否异步处理请求。

指定服务器中文件地址的语法格式如下：

```
open(请求的类型,URL,布尔值)
```

参数：

- 请求的类型：GET 或 POST。
- URL：服务器中文件的地址。
- 布尔值：true（异步）或 false（同步）。

2. 设置请求头信息

setRequestHeader()方法主要用于指定所传输数据的编码类型，即服务器需要传送的数据类型，如设置数据编码类型为 application/x-www-form-urlencoded。

设置请求头信息的语法格式如下：

```
setRequestHeader("content-type","编码类型");
```

3. 发送请求

send()方法主要用于将请求发送给服务器。

将请求发送给服务器的语法格式如下：

```
send(变量名=值&变量名=值……);
```

4. 比较 GET 请求与 POST 请求

GET 请求：使用 URL 传递参数明文，安全性相对较低。

POST 请求：数据加密提交，安全性相对较高。

在以下情况下采用 POST 请求。

- 无法使用缓存文件（更新服务器中的文件或数据库）。

- 向服务器发送大量数据（POST 请求没有数据量限制）。
- 在发送用户输入的未知字符时，采用 POST 请求比采用 GET 请求更稳定、可靠。

示例代码如下：

```
<!DOCTYPE html>
<html>
<head>
<meta charset="utf-8" />
<script    type="text/javascript"    src="res/jquery/jquery-1.8.3.min.js">
</script>
</head>
<body>
<script type="text/javascript">
    var xmlhttp;
    if (window.XMLHttpRequest){
        xmlhttp = new XMLHttpRequest();
    }else{
        xmlhttp = new ActiveXObject("Microsoft.XMLHTTP");
    }
    xmlhttp.onreadystatechange = function(){
        if(xmlhttp.readyState == 4 && xmlhttp.status==200){
            document.write(xmlhttp);
            document.write(xmlhttp.responseText);
        }

    };
    xmlhttp.open("post","res/htmlclassics/php/tel.php",true);
    xmlhttp.setRequestHeader("content-type","application/x-www-form-
urlencoded");
    var tel = "13611005678";
    xmlhttp.send("id="+Math.random()+"&tel="+tel);
</script>
</body>
</html>
```

代码讲解：

1）指定 AJAX 服务器中文件的地址。

```
xmlhttp.open("post","res/htmlclassics/php/tel.php",true);
```

2）设置数据编码。

```
xmlhttp.setRequestHeader("content-type","application/x-www-form-urlencoded");
```

"content-type","application/x-www-form-urlencoded"：设置所传输数据的编码类型为 application/x-www-form-urlencoded。

3）将请求发送给服务器。

```
var tel = "13611005678";
xmlhttp.send("id="+Math.random()+"&tel="+tel);
```

将请求发送给服务器，参数 id 的值为随机数，参数 tel 的值为变量 tel。

上述代码的运行效果如图 7-6 所示。

← → C ▲ 不安全 | blob:http://www.yyfun001.com/40b7157c-7f5e-4dcd-8422-7f6ccc1cb951

[object XMLHttpRequest]北京

图 7-6　POST 请求示例的运行效果

步骤 3：JSON 数据处理

【知识链接】JSON 简介

JSON（JavaScript Object Notation，JavaScript 对象表示法）是存储和传输数据的格式，通常用于从服务器向网页传递数据。

JSON 使用 JavaScript 语法格式，是一种文本格式。JSON 解析器和 JSON 库支持多种不同的编程语言。

1. 定义 JSON 对象

定义 JSON 对象的语法格式如下：

```
var 对象名 = {"属性名":属性值 , "属性名":属性值 ……};
```

示例代码如下：

```
var jsonOb = {"name":"张三","age":"18"};
```

2. JSON 取值

JSON 取值是指在 JSON 对象中取一个值并将其赋给变量。

JSON 取值的语法格式如下：

```
var 变量名 = 对象名.属性名;
```

示例代码如下：

```
var jsonOb = {"name":"张三","age":"18"};
document.write(jsonOb.name);
```

上述代码的运行效果如图 7-7 所示。

图 7-7　JSON 取值示例的运行效果

3. JSON 赋值

JSON 赋值是指修改 JSON 对象中的某个属性值。

JSON 赋值的语法格式如下：

```
对象名.属性名 = 属性值;
```

示例代码如下：

```
var jsonOb = {"name":"张三","age":"18"};
jsonOb.name = "李四";
```

4. JSON 数组取值

JSON 数组取值是指在 JSON 数组中取一个值并将其赋给变量。

JSON 数组取值的语法格式如下：

```
var 变量名= json 对象[下标]. 属性名;
```

示例代码如下：

```
var jsonOb = [
  { "firstName":"Bill" , "lastName":"Gates" },
  { "firstName":"George" , "lastName":"Bush" },
  { "firstName":"Thomas" , "lastName":"Carter" }
];
var name = jsonOb[1].firstName;  //name 变量的值为"George"
```

【知识链接】JSON 系统函数

1. JSON.parse()

JSON.parse()函数主要用于将 JSON 字符串转换为 JSON 对象。

JSON.parse()函数的语法格式如下：

```
var 对象名 = JSON.parse(JSON 字符串);
```

示例代码如下：

```
var str = "{\"name\":\"李四\",\"age\":\"18\"}";
var jsonOb = JSON.parse(str);
alert(jsonOb.name); //弹出一个警告框，显示“李四”
```

2. JSON.stringify()

JSON.stringify()函数主要用于将 JSON 对象转换为 JSON 字符串。

JSON.stringify()函数的语法格式如下：

```
var 变量名 = JSON.stringify(JSON 对象);
```

示例代码如下：

```
var jsonOb = {"name":"李四","age":"18"};
var str = JSON.stringify(jsonOb);
alert(str); //弹出一个警告框，显示：{"name":"李四","age":"18"}
```

上述代码的运行效果如图 7-8 所示。

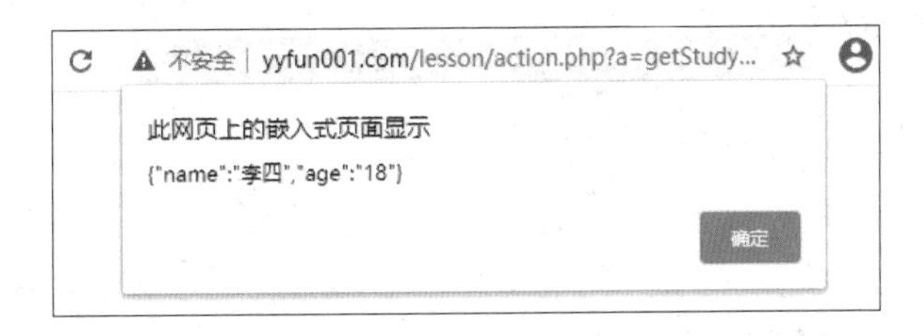

图 7-8　JSON 系统函数示例的运行效果

完成本模块中的案例需要使用 index.html 文件，该文件中的代码如下：

```
<!DOCTYPE html>
<html>
  <head>
    <meta charset="utf-8" />
    <style type="text/css">
      html,body{
        width:100%;
        height:100%;
        margin:0;
      }
      .head{
        width:100%;
        height:56px;
        text-align: center;
        background: #000;
        color:#fff;
        opacity:0.7;
        position:fixed;
        top:0px;
        left:0px;
        z-index:999;
        display:flex;
        justify-content:center;
        background-image:url("res/htmlclassics/full/images/head_bg.png");
```

```
}
.head  div{
  width:15%;
  line-height:56px;
  cursor: pointer;
  box-sizing: border-box;
}
.head div:hover {
  border-bottom: 1px solid #ffffff;
  color:yellow;
}
#banner{
  width:100%;
  height: 200px;
  background-color:#000000;
  position: relative;
  background: url(res/htmlclassics/full/images/133.jpg);
  overflow:hidden;
}
.mainDiv{
  font-size: 13px;
  border:2px solid #f2f2f2;
  width:1200px;
  margin:20px auto 0;
  overflow:hidden;
}
.title{
  background:#607d8b;
  border-bottom:1px solid #C8DCDB;
  height:50px;
  line-height:50px;
  font-weight:bold;
  padding-left:10px;
  font-size:15px;
  color:#fff;
}
.line{
  width:1000px;
  height:30px;
  line-height:30px;
  font-weight:bold;
  margin:0px auto;
```

```
    margin-top:30px;
    border-bottom:1px solid #C8DCDB;
  }
  #head{
    width:128px;
    height: 128px;
    border-radius: 50%;
    overflow: hidden;
  }
  #head img{
    width: 100%;
  }
  .item{
    width:1000px;
    display:flex;
    margin:10px auto;
  }
  .item div:nth-of-type(1){
    width:100px;
    text-align:right;
  }
  .item div:nth-of-type(2){
    width:900px;
  }
</style>
<script type="text/javascript">
var xmlhttp;
if (window.XMLHttpRequest){
    //  IE7+, Firefox, Chrome, Opera, Safari 浏览器执行代码
    xmlhttp = new XMLHttpRequest();
}else{
    // IE6, IE5 浏览器执行代码
    xmlhttp = new ActiveXObject("Microsoft.XMLHTTP");
}
//指定接收响应结果的函数
xmlhttp.onreadystatechange = function(){
    if(xmlhttp.readyState == 4 && xmlhttp.status==200){
      //接收响应结果
      var data = JSON.parse(xmlhttp.responseText)
      if(data.status == 200){
        var obj = data.json;
        document.getElementById("name").innerText = obj.name;
```

```
            document.getElementById("age").innerText = obj.age;
            document.getElementById("sex").innerText = obj.sex;
            document.getElementById("vip").innerText = obj.type;
            document.getElementById("tell").innerText = obj.tell;
            document.getElementById("email").innerText = obj.email;
            document.getElementById("head").innerHTML    =    "<img    src=
'"+obj.other.head+"'/>";
            document.getElementById("lover").innerText = obj.other.lover;
            document.getElementById("content").innerHTML = obj.other.content;
           }
           if(data.status == 0){
            document.write(data.mess);
           }
          }
        };

        //指定 AJAX 服务器中文件的地址
        xmlhttp.open("post","res/htmlclassics/php/center.php",true);

        //设置请求头信息
        xmlhttp.setRequestHeader("content-type","application/x-www-form-
urlencoded");

        var id = 2;
        //将请求发送给服务器
        xmlhttp.send("id="+id+"&r="+Math.random());

        </script>
      </head>
      <body>
        <div class="head">
          <div>网站首页</div><div>在线课堂</div><div>付费课程</div><div>全站搜索
</div>
        </div>
        <div id="banner"></div>
        <div class="mainDiv">
          <!--表单的 title-->
          <div class="title">个人中心</div>
          <!--基本信息-->
          <div class="line">基本信息</div>
          <div class="item">
            <div>真实姓名：</div>
```

```
        <div id="name">李木子</div>
      </div>
      <div class="item">
        <div>年龄：</div>
        <div id="age">28</div>
      </div>
      <div class="item">
        <div>性别：</div>
        <div id="sex">先生</div>
      </div>
      <div class="item">
        <div>会员类型：</div>
        <div id="vip">白金会员</div>
      </div>
      <div class="item">
        <div>注册手机：</div>
        <div id="tell">15866668888</div>
      </div>
      <div class="item">
        <div>邮件地址：</div>
        <div id="email">200213145@qq.com</div>
      </div>
      <!--其他信息-->
      <div class="line">其他信息</div>
      <div class="item">
        <div>头像：</div>
        <div id="head">
          <img src="res/htmlclassics/full/images/page1_image.png">
        </div>
      </div>
      <div class="item">
        <div>爱好：</div><div id="lover">旅行 唱歌 游戏 乐器 表演</div>
      </div>
      <div class="item">
        <div>个人简介：</div>
        <div id="content">
          <p>我的性格偏内向，为人坦率、热情、讲求原则，处事乐观、专心、细致、头脑清醒，
富有责任心、乐于助人。</p>
          <p>我还是一个正直、忠诚、勤奋求实的人，会不断追求人格的自我完善；明显的特点是
乐观、自信、温和、开朗、稳重、宽厚，因此，我的人际关系和谐，适应环境能力较强。爱好电脑、科普
知识，喜欢钻研，具有较强的实干精神，习惯尽早解决面临的问题。</p>
          <p>最大的满足感在于该做的事顺利完成，以便有精力关注其他事情。最大的缺点是对没
```

```
有秩序感的人可能缺乏足够的耐心，也可能因为心太细，会让别人误解我的一番好意。 </p>
            </div>
          </div>
        </div>
    </body>
  </html>
```

代码讲解：

1）指定接收响应结果的函数。

```
    xmlhttp.onreadystatechange = function(){
        if(xmlhttp.readyState == 4 && xmlhttp.status==200){
            var data = JSON.parse(xmlhttp.responseText)
            if(data.status == 200){
                var obj = data.json;
                document.getElementById("name").innerText = obj.name;
                document.getElementById("age").innerText = obj.age;
                document.getElementById("sex").innerText = obj.sex;
                document.getElementById("vip").innerText = obj.type;
                document.getElementById("tell").innerText = obj.tell;
                document.getElementById("email").innerText = obj.email;
                document.getElementById("head").innerHTML  =  "<img  src='"+obj.
other.head+"'/>";
                document.getElementById("lover").innerText = obj.other.lover;
                document.getElementById("content").innerHTML = obj.other.content;
            }
            if(data.status == 0){
                document.write(data.mess);
            }
        }
    };
```

var data = JSON.parse(xmlhttp.responseText)：将返回数据转换为 JSON 对象并赋给 data 变量。

if(data.status == 200)：判断是否有返回数据。

var obj = data.json：个人信息对应的 JSON 数据。

document.getElementById("name").innerText = obj.name：写入姓名。

document.getElementById("age").innerText = obj.age：写入年龄。

document.getElementById("sex").innerText = obj.sex：写入性别。

document.getElementById("vip").innerText = obj.type：写入会员类型。

document.getElementById("tell").innerText = obj.tell：写入注册手机号码。

document.getElementById("email").innerText = obj.email：写入邮件地址。

document.getElementById("head").innerHTML = "<img src='"+obj.other.head+"'/>"：写入头像。

document.getElementById("lover").innerText = obj.other.lover：写入爱好。

document.getElementById("content").innerHTML = obj.other.content：写入个人简介。

if(data.status == 0)：判断是否无返回数据。

document.write(data.mess)：将相关的提示信息显示在页面中。

2）指定 AJAX 服务器中文件的地址。

```
xmlhttp.open("post","res/htmlclassics/php/center.php",true);
```

3）设置请求头信息。

```
xmlhttp.setRequestHeader("content-type","application/x-www-form-urlencoded");
```

4）将请求发送给服务器。

```
var id = 2;
```

设置 id 属性值为 2。

```
xmlhttp.send("id="+id+"&r="+Math.random());
```

向服务器发送请求。

上述代码的运行效果如图 7-9 所示。

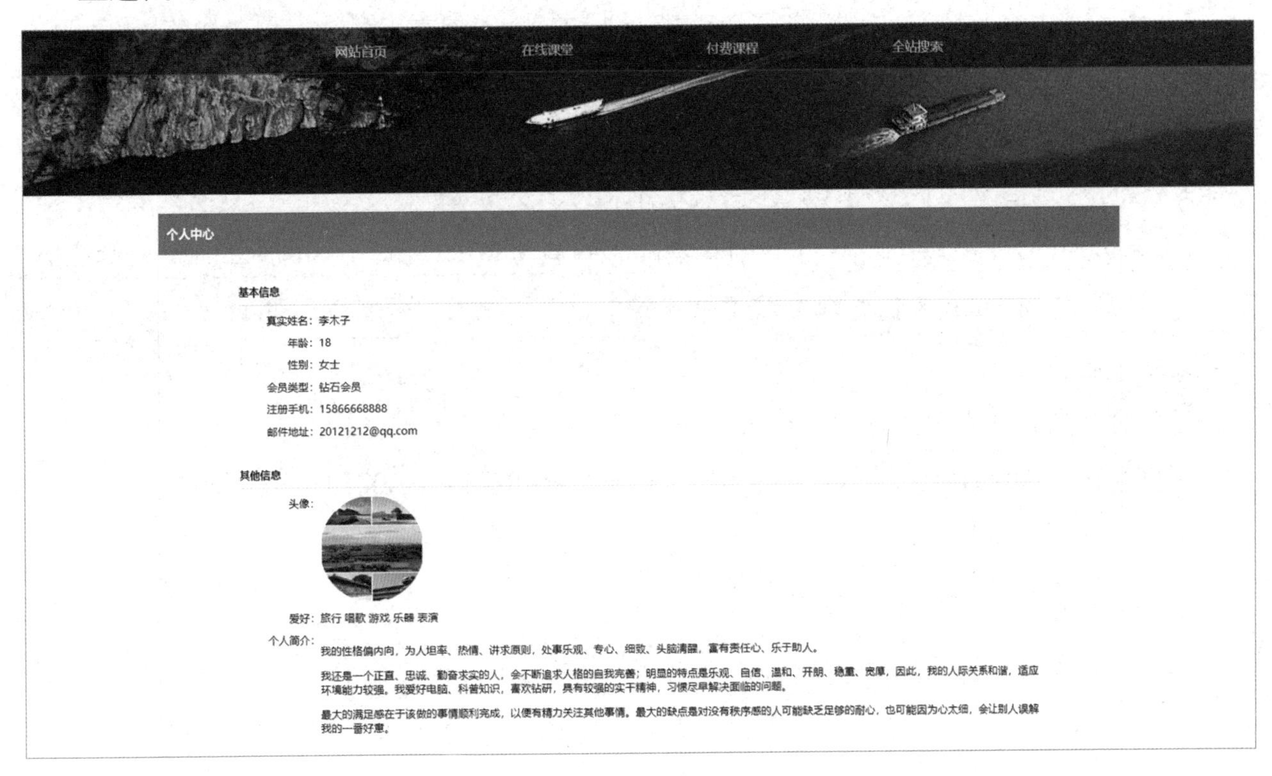

图 7-9　AJAX 应用案例的运行效果

拓展练习

运用所学知识，完成以下拓展练习。

拓展 1：手机价格查询

手机价格查询的效果如图 7-10 所示。

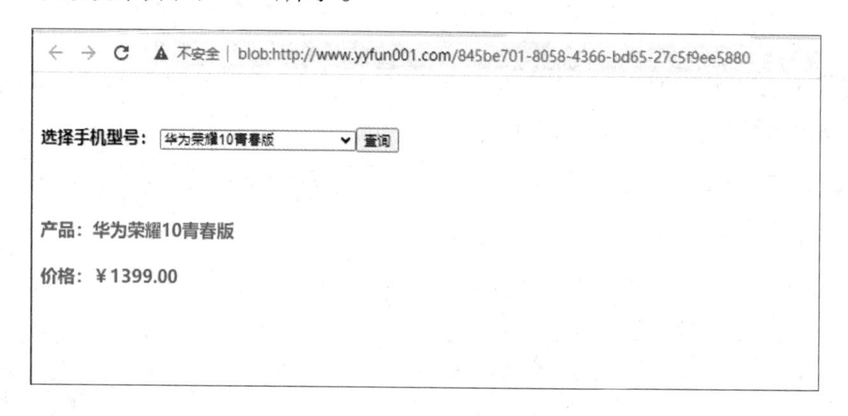

图 7-10　手机价格查询的效果

要求：

1. 参照效果图完成练习。

2. 单击“查询”按钮，可以将“选择手机型号”下拉列表中所选选项对应的 value 属性值传递给服务器。

3. 接收服务器返回的相关信息，并且将其显示在<div>标签中。

4. 整个功能必须通过 AJAX 技术实现（请求方式为 GET）。

5. 服务器中文件的地址：res/htmlclassics/php/price.php?telType=产品对应的 value 属性值。

注意： price.php 文件已经存储于服务器中，可以编写代码直接调用该文件。

在线做题：

打开浏览器并输入指定地址，在线完成本道练习题。

实训链接：http://www.hxedu.com.cn/Resource/OS/AR/zz/zxy/202103636/6.html

实训码：a75983d4

拓展 2：查询用户名是否存在

查询用户名是否存在的效果如图 7-11 所示。

要求：

1. 参照效果图完成练习。

2. 单击“查询”按钮，可以将“用户名称”文本框中的用户名传递给服务器。

3. 接收服务器返回的相关信息，并且将其显示在<div>标签中。
4. 整个功能必须通过 AJAX 技术实现（请求方式为 POST）。
5. 服务器中文件的地址：res/htmlclassics/php/checkuser.php。
6. checkuser.php 文件的参数：userName=文本框中输入的用户名。

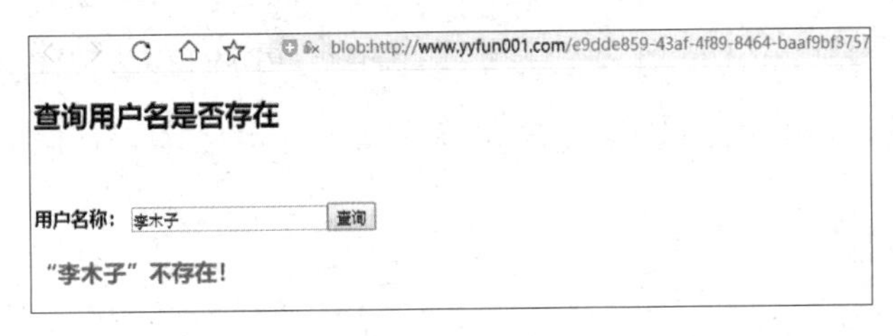

图 7-11　查询用户名是否存在的效果

注意：

- checkuser.php 文件已经存储于服务器中，可以编写代码直接调用该文件。
- 服务器中已有的用户名：王明、吴雪芳、李俊杰、张薇、刘健、赵晓东、杨云。

在线做题：

打开浏览器并输入指定地址，在线完成本道练习题。

实训链接：http://www.hxedu.com.cn/Resource/OS/AR/zz/zxy/202103636/6.html

实训码：6bff0b14

拓展 3：产品分类查询

产品分类查询的效果如图 7-12 所示。

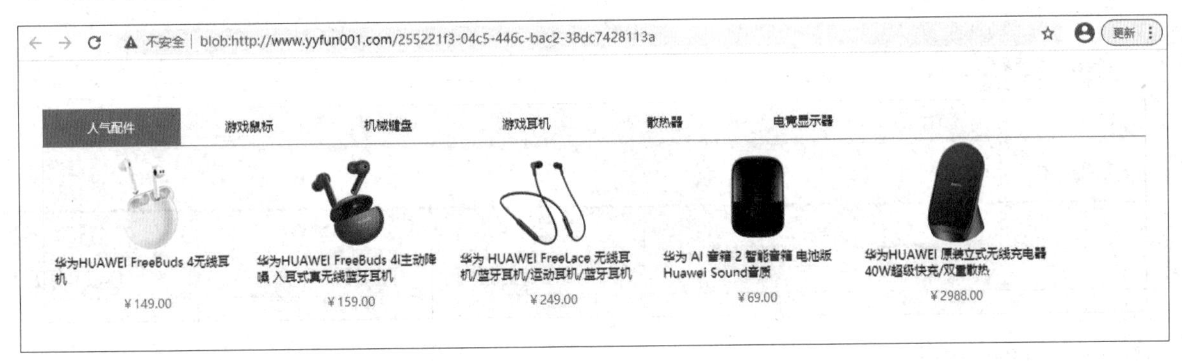

图 7-12　产品分类查询的效果

要求：

1. 参照效果图完成练习。
2. 在单击分类菜单时，可以将分类的编号传递给服务器，相应的分类编号如下。

- 人气配件：1。
- 游戏鼠标：2。

- 机械键盘：3。
- 游戏耳机：4。
- 散热器：5。
- 电竞显示器：6。

3. 接收服务器返回的产品信息，并且将其显示在 id 属性值为"items"的<div>标签中；从服务器中返回一个 JSON 字符串，里面包含某个分类下的所有产品信息。服务器返回的 JSON 字符串格式如下：

```
[
    { "name":"产品名称" , "image":"图片路径" , "price":"产品价格" },
    { "name":"产品名称" , "image":"图片路径" , "price":"产品价格" },
    ……
]
```

4. 整个功能必须使用 AJAX 技术实现（请求方式为 POST）。
5. 服务器中文件的地址：res/htmlclassics/php/product.php。
6. product.php 文件的参数：type=分类的编号。

注意：product.php 文件已经存储于服务器中，可以编写代码直接调用该文件。

在线做题：

打开浏览器并输入指定地址，在线完成本道练习题。

实训链接：http://www.hxedu.com.cn/Resource/OS/AR/zz/zxy/202103636/6.html

实训码：1d1414ce

测验评价

评价标准：

采 分 点	教师评分（0~5 分）	自评（0~5 分）	互评（0~5 分）
1. AJAX 简介			
2. 创建 XMLHttpRequest 对象			
3. GET 请求、POST 请求			
4. URL 传参			
5. HTTP 状态码			
6. POST 请求补充			
7. JSON 简介			
8. JSON 系统函数			